变电站
消防标准化图集

BIANDIANZHAN XIAOFANG
BIAOZHUNHUA TUJI

内蒙古电力（集团）有限责任公司内蒙古超高压供电分公司
内蒙古科电工程科学安全评价有限公司　编

中国电力出版社
CHINA ELECTRIC POWER PRESS

U0643153

内 容 提 要

本图集将涉及变电站消防系统的各专业进行提炼汇总，结合变电站现场常见隐患照片进行规范条文示例，以及将隐患产生的原因、整改后应达到的验收标准等，以图文并茂的方式逐一罗列，可作为变电站消防工程管理的工具用书。内容涵盖火灾自动报警系统、消防给水及消火栓系统、主变压器水喷雾灭火系统、主变压器泡沫喷雾灭火系统、防火封堵、防火门、应急照明及疏散指示系统、灭火器、其他设施等。

本图集可供供电企业消防安全管理人员、变电站运维管理人员、变电站消防施工监理人员、变电站消防设计相关人员、第三方消防技术服务机构人员等参考使用。

图书在版编目（CIP）数据

变电站消防标准化图集 / 内蒙古电力（集团）有限责任公司内蒙古超高压供电分公司，内蒙古科电工程科学安全评价有限公司编 . -- 北京：中国电力出版社，2025. 8. -- ISBN 978-7-5239-0214-1

Ⅰ . TM63-64

中国国家版本馆 CIP 数据核字第 2025V79Z98 号

出版发行：中国电力出版社
地　　址：北京市东城区北京站西街 19 号（邮政编码 100005）
网　　址：http://www.cepp.sgcc.com.cn
责任编辑：刘汝青　闫柏杞（010-63412793）
责任校对：黄　蓓　于　维
装帧设计：赵姗杉
责任印制：吴　迪

印　　刷：三河市万龙印装有限公司
版　　次：2025 年 8 月第一版
印　　次：2025 年 8 月北京第一次印刷
开　　本：710 毫米 ×1000 毫米　16 开本
印　　张：12.75
字　　数：237 千字
印　　数：0001—1000 册
定　　价：150.00 元

《变电站消防标准化图集》
编 委 会

前　言

　　变电站是电力系统生产运行的关键环节，消防安全作为变电站安全运行的重要组成部分，其火灾预控能力直接关系到电网的安全稳定运行。变电站消防系统包含建筑、给排水、暖通、强弱电等多个专业领域，各专业间需要高度协调配合。然而，当前国家和行业现行的消防工程设计规范、验收规范及标准图集种类繁多，在实际应用过程中存在标准不统一的问题，导致管理人员在开展消防工程工作时往往力不从心，需要临时查找资料、现学现用，在工程方案审核和验收把关时难以准确把握关键要点，给消防工程埋下安全隐患。

　　为有效解决上述问题，本次编制的《变电站消防标准化图集》以国家法律法规、行业标准、图集中常见的强制性条文、设备标准中的强制性条文以及设备标准的主要参数为依据，对变电站消防系统各专业内容进行了系统性的提炼和汇总。本图集坚持问题导向，通过变电站现场常见隐患照片的对比展示，以图文并茂的形式向读者呈现规范标准的正确做法以及典型错误案例，为从业人员提供直观的学习参考。

　　此外，本图集引用的有关规范、标准如有修订，应以国家最新发布的版本为准。本图集涉及有关产品标准内容的，在实际验收工作中应以工程设计文件和相关国家规范、标准的规定为主要依据，不宜将本图集内容全部视为强制性的条款执行。

　　本图集旨在为变电站消防工程的设计、施工、验收及运维管理提供实用参考，帮助从业人员提升工作效率和质量管控水平。由于编者水平有限，不足之处敬请批评指正。

编者

2025 年 6 月

CONTENTS　　　　　　　　　　　目　录

第三部分

主变压器水喷雾灭火系统

第四部分

主变压器泡沫喷雾灭火系统

变电站消防
标准化图集

PART 1

第一部分

火灾自动
报警系统

类 别	火灾自动报警系统
问 题	点型感温探测器的设置不满足要求

问题描述及原因分析

1. 问题描述

1）点型感温探测器出厂保护罩未及时移除【图示一】。

2）点型感温探测器安装位置与灯具的间距不足【图示二】。

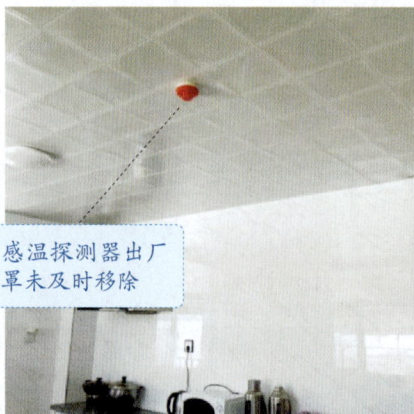

点型感温探测器出厂
保护罩未及时移除

图示一

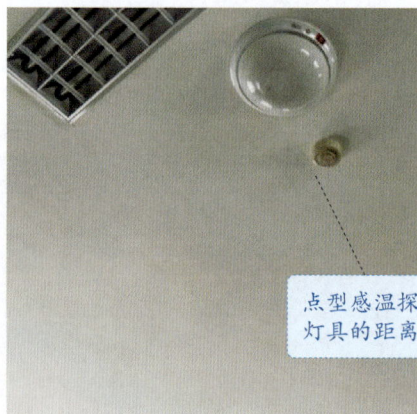

点型感温探测器与
灯具的距离不足

图示二

3）站内厨房不宜用点型感烟探测器替代点型感温探测器或直接不设置火灾探测器【图示三】；厨房内已设置的火灾探测器不应被二次装修隐蔽。

厨房未设置火灾
探测器

图示三

4）站内配电室、主控室等位置仅设置了点型感温探测器，探测器选型错误。

2. 原因分析

1）设计者布置消防设施时，未综合考虑梁、灯具、移动式设备对消防设施的影响，导致现场情况与设计图纸有出入。

2）建设单位、施工单位或监理单位对相关规范不了解，无法准确把控安装要点。

3）施工单位未按设计图纸或规范图集要求进行施工，或现场设施受影响时未及时与建设单位、监理单位、设计单位沟通进行相应的变更调整。

4）由于设计者疏忽，全站选用点型感烟探测器，导致厨房设置的点型感烟探测器经常误报火警；设计者未按规范要求进行火灾探测器选型，整站选用点型感温探测器，与实际场所不匹配。

5）装修单位责任心不强，将探测器直接置于吊顶内无法发挥其使用功能。

规范要求及正确做法

1. 规范要求

1）《火力发电厂与变电站设计防火标准》（GB 50229—2019）第 11.5.26 条"变电站主要建（构）筑物和设备宜按下表的规定设置火灾自动报警系统。"

主要建（构）筑物和设备的火灾探测器类型

建筑物和设备	火灾探测器类型
控制室	点型感烟／吸气
通信机房	点型感烟／吸气
阀厅	点型感烟／吸气
户内直流场	点型感烟
电缆层和电缆竖井	缆式线型感温
继电器室	点型感烟／吸气
电抗器室	点型感烟
电容器室	点型感烟
配电装置室	点型感烟
室外变压器	缆式线型感温
室内变压器	缆式线型感温／吸气

2)《火灾自动报警系统设计规范》（GB 50116—2013）第 5.2.5 条"符合下列条件之一的场所，宜选择点型感温火灾探测器；且应根据使用场所的典型应用温度和最高应用温度选择适当类别的感温火灾探测器：1 相对湿度经常大于 95%；2 可能发生无烟火灾；3 有大量粉尘；4 吸烟室等在正常情况下有烟或蒸气滞留的场所；5 厨房、锅炉房、发电机房、烘干车间等不宜安装感烟火灾探测器的场所；6 需要联动熄灭'安全出口'标志灯的安全出口内侧；7 其他无人滞留且不适合安装感烟火灾探测器，但发生火灾时需要及时报警的场所"。

3)《火灾自动报警系统设计规范》（GB 50116—2013）第 6.2.2 条"点型火灾探测器的设置应符合下列规定：探测区域的每个房间应至少设置一只火灾探测器"。

4)《火灾自动报警系统施工及验收标准》（GB 50166—2019）第 3.3.6 条"点型感烟火灾探测器、点型感温火灾探测器、一氧化碳火灾探测器、点型家用火灾探测器、独立式火灾探测报警器的安装，应符合下列规定：1 探测器至墙壁、梁边的水平距离不应小于 0.5m；2 探测器周围水平距离 0.5m 内不应有遮挡物；3 探测器至空调送风口最近边的水平距离不应小于 1.5m，至多孔送风顶棚孔口的水平距离不应小于 0.5m；4 在宽度小于 3m 的内走道顶棚上安装探测器时、宜居中安装，点型感温火灾探测器的安装间距不应超过 10m，点型感烟火灾探测器的安装间距不应超过 15m，探测器至端墙的距离不应大于安装间距的一半；5 探测器宜水平安装，当确需倾斜安装时，倾斜角不应大于 45°"。

5)设备安装完成后，应及时将出厂保护罩摘除，保证设备的正常使用。

6)参考图集《建筑电气常用数据》（19DX101-1）表 12.9，要求探测器与照明灯具的水平净距大于 0.2m。

2. 正确做法

感烟、感温探测器安装间距的要求

安装场所		安装要求
宽度小于 3m 的内走道探测器安装间距	感烟探测器	≤ 15m
	感温探测器	≤ 10m
探测器边缘与不同设施边缘的间距	至墙壁、梁边的水平距离	≥ 0.5m
	至空调送风口边的水平距离	≥ 1.5m
	至多孔送风顶棚孔口的水平距离	≥ 0.5m
	与照明灯具的水平净距	≥ 0.2m

续表

安装场所		安装要求
探测器边缘与不同设施边缘的间距	距不突出的扬声器净距	≥ 0.1m
	与各种自动喷水灭火喷头净距	≥ 0.3m
	与防火门、防火卷帘门的间距	1~2m

预防措施及整改建议

（1）图纸会审时要求设计人员进行多专业综合会审，特殊距离要在设计说明中予以明确；

（2）点型感温探测器出厂保护罩施工完成后应及时移除，否则会影响该点位探测器的有效性；

（3）施工单位应严格按图施工，对于现场与图纸有出入或不明确时应及时向建设单位、设计单位咨询进行变更，不可擅作决定导致畸形工程的出现；

（4）验收人员要对点型感温探测器逐一进行现场查验，保证其与障碍物、灯具、送风口等距离满足规范要求，防止其使用功能受到影响；

（5）厨房、锅炉房等位置选用点型感温探测器；

（6）主控室、配电室、保护小室等位置设置点型感烟探测器，在其不超保护半径的情况下可增设点型感温探测器进行辅助探测，不建议仅设置点型感温探测器。

类　别	火灾自动报警系统
问　题	点型感烟探测器的设置不满足要求

问题描述及原因分析

1. 问题描述

1）点型感烟探测器与梁、墙、设备等障碍物距离小于 500mm【图示一】；

2）点型感烟探测器出厂保护罩未及时移除【图示二】；

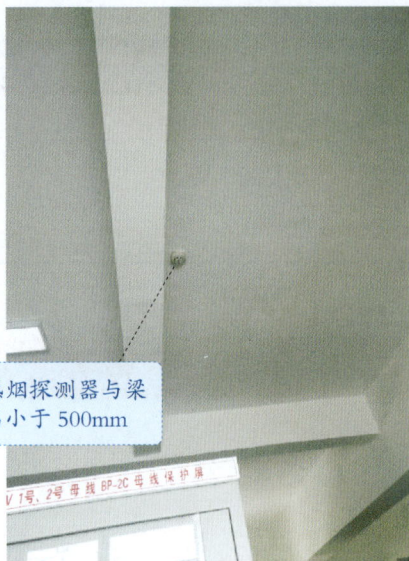

点型感烟探测器与梁的距离小于 500mm

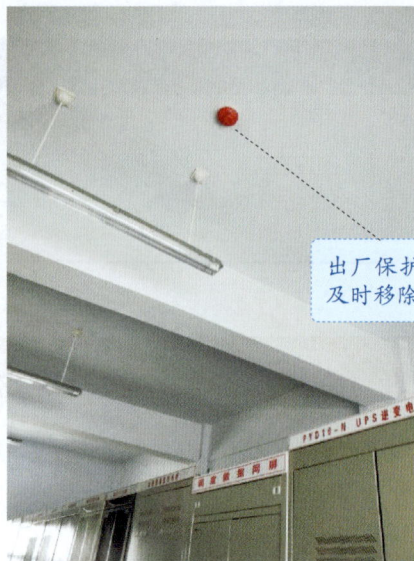

出厂保护罩未及时移除

图示一　　　　　　　　　　图示二

3）点型感烟探测器与灯具间的安全间距不满足规范要求【图示三】；

4）梁高大于 600mm 时，未按规范要求增设点型感烟探测器【图示四】；

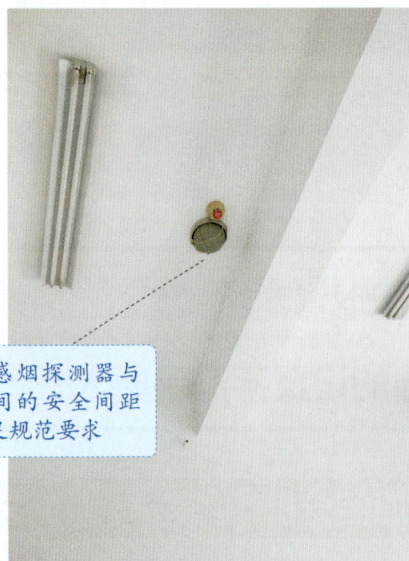

点型感烟探测器与灯具间的安全间距不满足规范要求

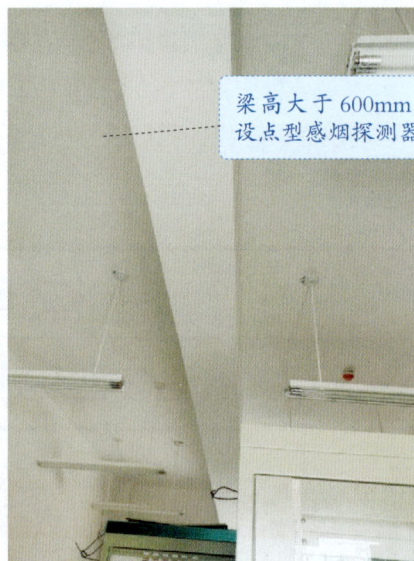

梁高大于 600mm，未增设点型感烟探测器

图示三　　　　　　　　　　图示四

5）点型感烟探测器不应安装在梁上【图示五】；

6）火灾探测器未按要求预埋接线盒，导致设施安装不牢固【图示六】。

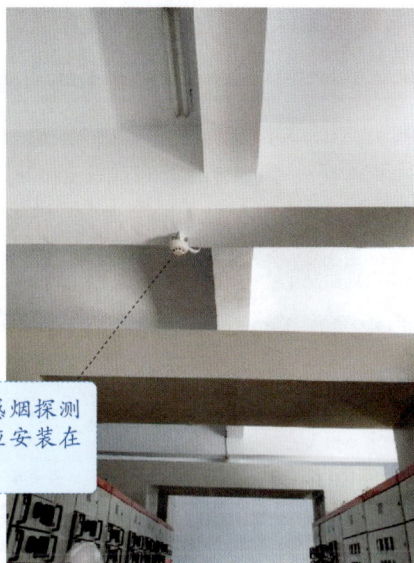

图示五

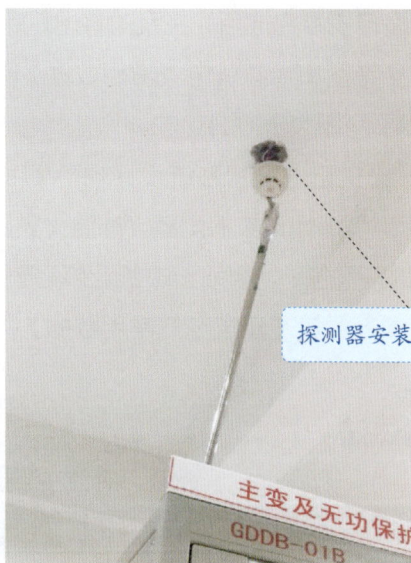

图示六

2. 原因分析

1）设计者布置消防设施时，未综合考虑梁、灯具、移动式设备对消防设施的影响，导致现场情况与设计图纸有出入；

2）建设单位、施工单位或监理单位对相关规范不了解，无法准确把控安装要点；

3）施工单位未按设计图纸或规范图集要求进行施工，或现场设施受影响时未及时与建设单位、监理单位、设计单位沟通进行相应的变更调整。

规范要求及正确做法

1. 规范要求

1）《火灾自动报警系统施工及验收标准》（GB 50166—2019）第3.3.6条"点型感烟火灾探测器、点型感温火灾探测器、一氧化碳火灾探测器、点型家用火灾探测器、独立式火灾探测报警器的安装，应符合下列规定：1 探测器至墙壁、梁边的水平距离不应小于0.5m；2 探测器周围水平距离0.5m内不应有遮挡物；3 探测器至空调送风口最近边的水平距离不应小于1.5m，至多孔送风顶棚孔口的水平距离不应小于0.5m；4 在宽度小于3m的内走道顶棚上安装探测器时，宜居中安装，点型感温火灾探测器的安装间距不应超过10m，点型感烟火灾探测器的安装间距不应超过15m，探测器至端墙的距离不应大于安装间距的一半；5 探测器宜水平安装，当确需倾斜安装时，倾斜角不应大于45°"。

2）设备安装完成后，应及时将出厂保护罩摘除，保证设备的正常使用。

3）参考图集《建筑电气常用数据》（19DX101-1）表12.9，要求探测器与照明灯具的水平净距大于0.2m。

4）《火灾自动报警系统设计规范》（GB 50116—2013）第6.2.3条"在有梁的顶棚设置点型感烟火灾探测器、感温火灾探测器时，当梁突出顶棚的高度超过600mm时，被梁隔断的每个梁间区域应至少设置一只探测器"。

5）参考图集《建筑电气常用数据》（19DX101-1）表12.7，感烟探测器不应安装在梁上。

2. 正确做法

感烟、感温探测器安装间距的要求

安装场所		安装要求
宽度小于3m的内走道探测器安装间距	感烟探测器	≤ 15m
	感温探测器	≤ 10m
探测器边缘与不同设施边缘的间距	至墙壁、梁边的水平距离	≥ 0.5m
	至空调送风口边的水平距离	≥ 1.5m
	至多孔送风顶棚孔口的水平距离	≥ 0.5m
	与照明灯具的水平净距	≥ 0.2m
	与不突出的扬声器净距	≥ 0.1m
	与各种自动喷水灭火喷头净距	≥ 0.3m
	与防火门、防火卷帘门的间距	1~2m

感烟火灾探测器和 A1、A2、B 型感温火灾探测器的保护面积和保护半径

火灾探测器的种类	地面面积 S（m²）	房间高度 h（m）	一只探测器的保护面积 A 和保护半径 R					
			屋顶坡度 θ					
			$\theta \leqslant 15°$		$15° < \theta \leqslant 30°$		$\theta > 30°$	
			A（m²）	R（m）	A（m²）	R（m）	A（m²）	R（m）
感烟火灾探测器	$S \leqslant 80$	$h \leqslant 12$	80	6.7	80	7.2	80	8.0
	$S > 80$	$6 < h \leqslant 12$	80	6.7	100	8.0	120	9.9
		$h \leqslant 6$	60	5.8	80	7.2	100	9.0
感温火灾探测器	$S \leqslant 30$	$h \leqslant 8$	30	4.4	30	4.9	30	5.5
	$S > 30$	$h \leqslant 8$	20	3.6	30	4.9	40	6.3

图示七

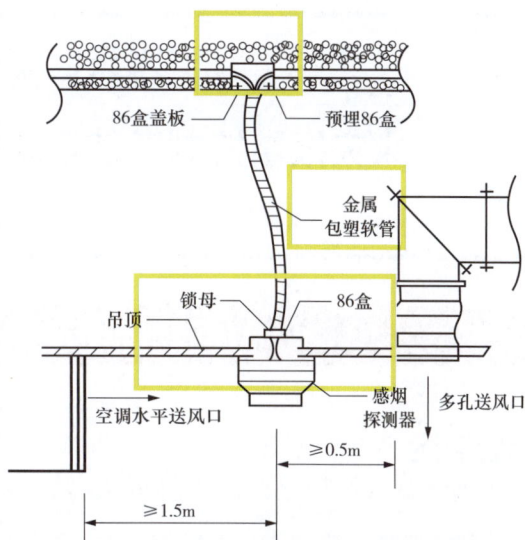
图示八

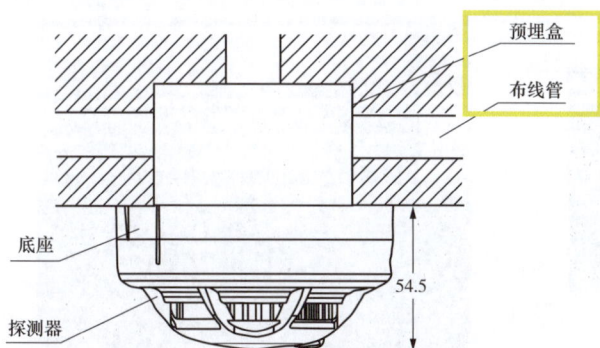
图示九

预防措施及整改建议

（1）图纸会审时要求设计人员进行多专业综合会审，特殊距离要在设计说明中予以明确；

（2）点型感烟探测器出厂保护罩施工完成后应及时移除，否则会影响该点位探测器的有效性；

（3）施工单位应严格按图施工，当现场与图纸有出入或不明确时应及时向建设单位、设计单位咨询进行变更，不可擅作决定导致畸形工程的出现；

（4）验收人员要对点型感烟探测器逐一进行现场查验，保证其与障碍物、灯具、送风口等距离满足规范要求，防止其使用功能受到影响。

类　别	火灾自动报警系统
问　题	火灾报警控制器信号未接入上一级有人值守的监控场所

问题描述及原因分析

1. 问题描述

　　1）消防预警系统控制器故障【图示一】【图示二】；

　　2）无人值守变电站未按要求将相关信号远传至有人值守场所。

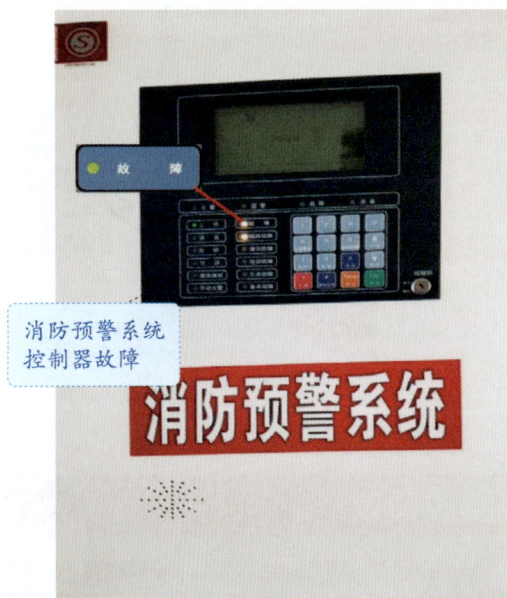

消防预警系统控制器故障

图示一

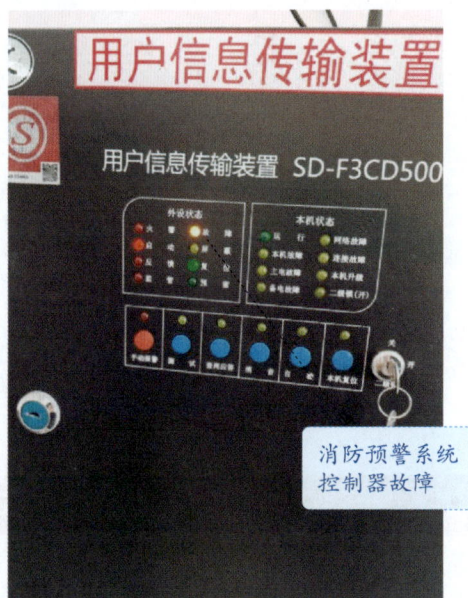

消防预警系统控制器故障

图示二

2. 原因分析

　　1）维保人员责任心不强，未及时处理已故障的设施；

　　2）有人值守变电站后期改为无人值守站，未配套相应的装置将火灾报警系统相关信号进行远传。

规范要求及正确做法

1. 规范要求

1)《电力设备典型消防规程》(DL 5027—2015)第 6.3.8 条"火灾自动报警系统应接入本单位或上级 24h 有人值守的消防监控场所,并有声光警示功能"。

2)《火力发电厂与变电站设计防火标准》(GB 50229—2019)第 11.5.28 条"无人值班的变电站的火灾报警控制器宜设置在变电站门厅,并应将火警信号传至集控中心"。

3)《机关、团体、企业、事业单位消防安全管理规定》(公安部令第 61 号)第七条"单位可以根据需要确定本单位的消防安全管理人。消防安全管理人对单位的消防安全责任人负责,实施和组织落实下列消防安全管理工作:(五)组织实施对本单位消防设施、灭火器材和消防安全标志的维护保养,确保其完好有效,确保疏散通道和安全出口畅通"。

2. 正确做法

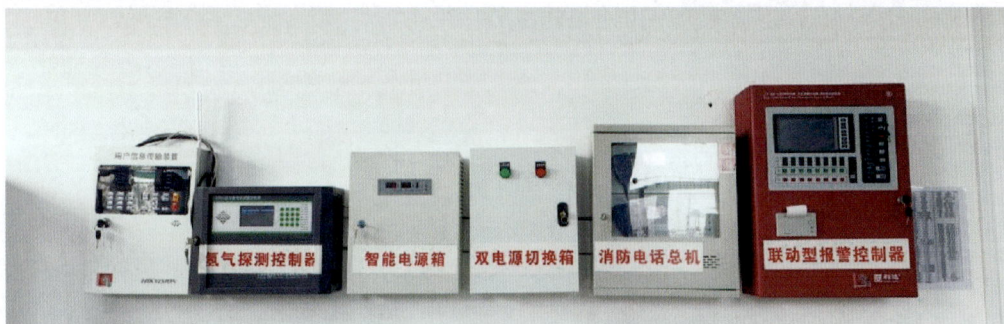

图示三

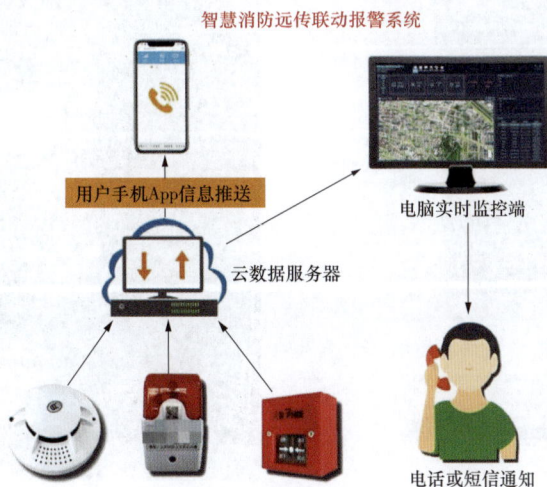

智慧消防远传联动报警系统

图示四

预防措施及整改建议

变电站运行值班人员很少，但在主控室有值班人员 24h 值班，因此火灾报警控制器设置在主控室，能够保证火灾报警信号的监控并方便全站的调度指挥。对于无人值班的变电站，为了便于巡视，并在发生火灾报警时及时获得报警信息和灭火系统的动作信息，将火灾报警控制器设置在门厅是合适的。无人值班变电站由上级集控中心统一运行控制，在集控中心有人 24h 值班，因此无人值班变电站火警信号应传送到集控中心。

类 别	火灾自动报警系统
问 题	火灾报警控制器主机的设置不满足要求

问题描述及原因分析

1. 问题描述

1）火灾报警控制器主机总线盘无标识【图示一】；

2）火灾报警控制器主机内未编入联动程序【图示二】；

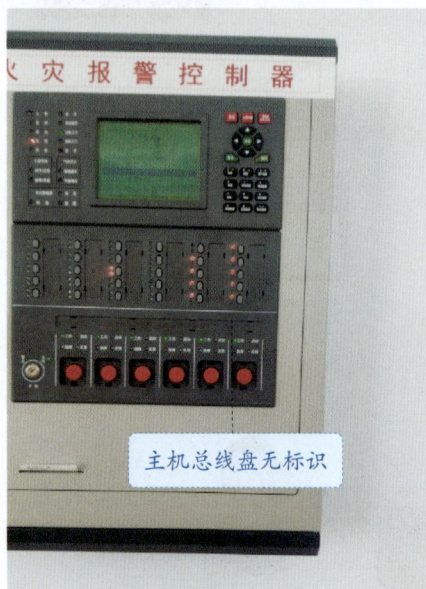

主机总线盘无标识

图示一

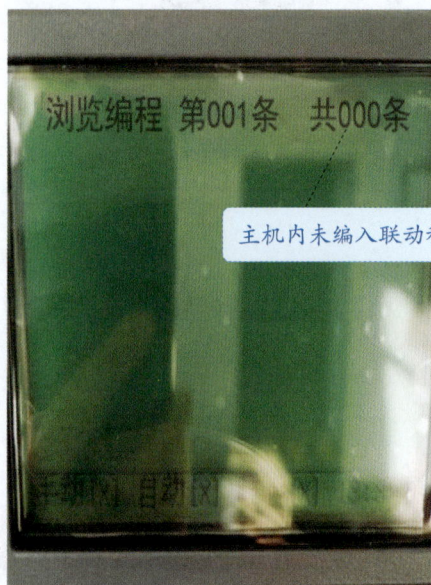

浏览编程 第001条 共000条

主机内未编入联动程序

图示二

3）火灾报警控制器内设备未编入描述词组体现具体地址【图示三】；

4）火灾报警控制器电源线不应采用插座连接，且其未按要求进行穿管保护【图示四】；

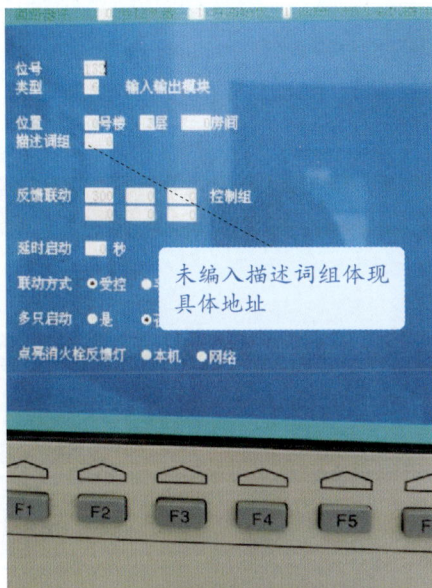

图示三　　　　　　　　　　　　　图示四

5）火灾报警控制器前操作距离不足【图示五】；

6）火灾报警控制器安装高度不足【图示六】。

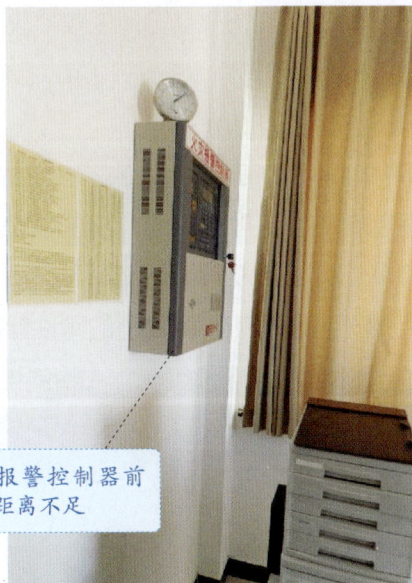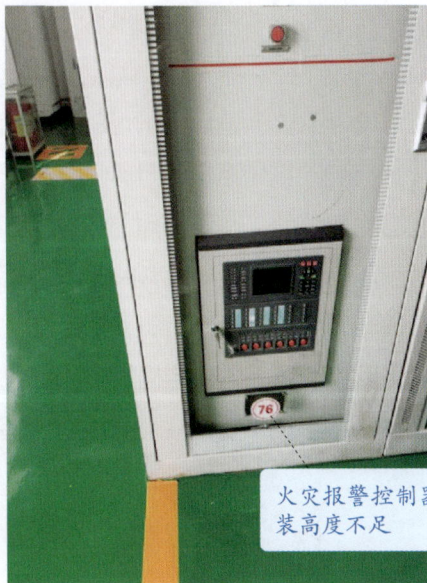

图示五　　　　　　　　　　　　　图示六

2. 原因分析

1）建设单位、施工单位或监理单位对相关规范不了解，无法准确把控安装要点；

2）施工单位未按设计图纸或规范图集要求进行施工，或现场设施受影响时未及时与建设单位、监理单位、设计单位沟通进行相应的变更调整；

3）验收把关不严，导致消防设施不能正常使用。

规范要求及正确做法

1. 规范要求

1）《火灾自动报警系统施工及验收标准》（GB 50166—2019）第 4.2.2 条"1 应对现场部件进行地址编码设置，一个独立的识别地址只能对应一个现场部件；2 与模块连接的火灾警报器、水流指示器、压力开关、报警阀、排烟口、排烟阀等现场部件的地址编号应与连接模块的地址编号一致；3 控制器、监控器、消防电话总机及消防应急广播控制装置等控制类设备应对配接的现场部件进行地址注册，并应按现场部件的地址编号及具体设置部位录入部件的地址注释信息"。

2）《火灾自动报警系统施工及验收标准》（GB 50166—2019）第 3.3.3 条"控制与显示类设备应与消防电源、备用电源直接连接，不应使用电源插头。主电源应设置明显的永久性标识"。

3）《火灾自动报警系统设计规范》（GB 50116—2013）第 6.1.3 条"火灾报警控制器和消防联动控制器安装在墙上时，其主显示屏高度宜为 1.5m~1.8m，其靠近门轴的侧面距离墙不应小于 0.5m，正面操作距离不应小于 1.2m"。

4）《火灾自动报警系统设计规范》（GB 50116—2013）第 11.2.2 条"火灾自动报警系统的供电线路、消防联动控制线路应采用耐火铜芯电线电缆，报警总线、消防应急广播和消防专用电话等传输线路应采用阻燃或阻燃耐火电线电缆"；第 11.2.3 条"线路暗敷设时，应采用金属管、可挠（金属）电气导管或 B1 级以上的刚性塑料管保护，并应敷设在不燃烧体的结构层内，且保护层厚度不宜小于 30mm；线路明敷设时，应采用金属管、可挠（金属）电气导管或金属封闭线槽保护。矿物绝缘类不燃性电缆可直接明敷"。

2. 正确做法

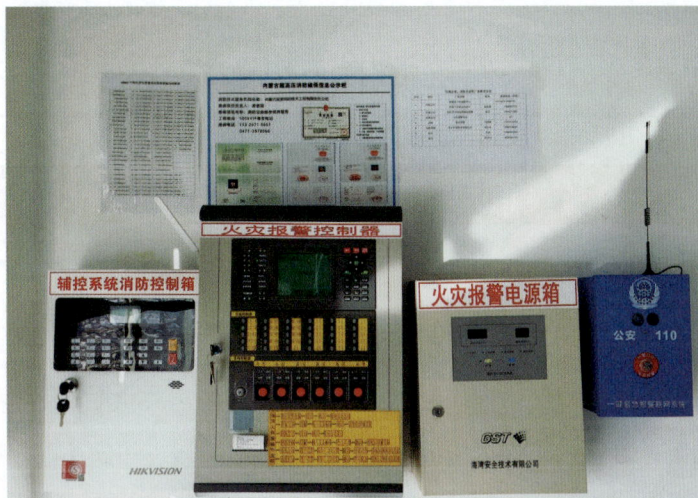

图示七

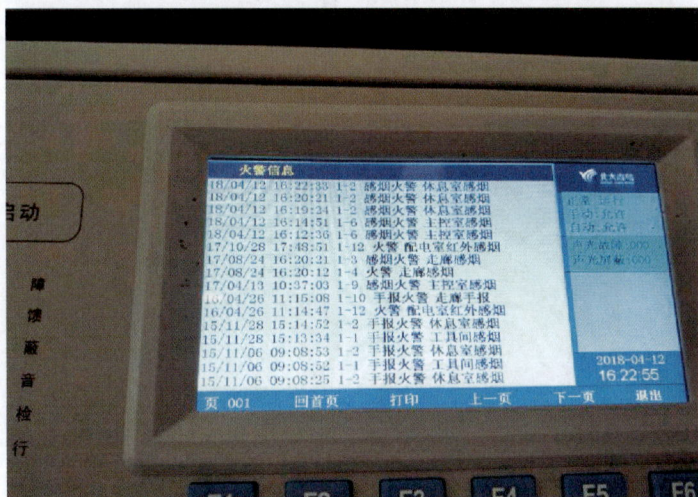

图示八

预防措施及整改建议

（1）图纸会审时要求设计人员进行多专业综合会审，特殊要求要在设计说明中予以明确；

（2）施工单位应严格按图施工，当现场与图纸有出入或不明确时应及时向建设单位、设计单位咨询进行变更，不可擅作决定导致畸形工程的出现；

（3）验收人员要对火灾报警控制器功能逐一进行现场查验，保证其满足规范要求。

类 别	火灾自动报警系统
问 题	火灾报警控制器主机接地不满足要求

问题描述及原因分析

1. 问题描述

1）火灾报警控制器主机未设置工作接地或保护接地【图示一】；

2）火灾报警控制器主机接地线的选用不满足要求【图示二】；

3）火灾报警控制器主机保护接地与工作接地不应串接在一起【图示三】。

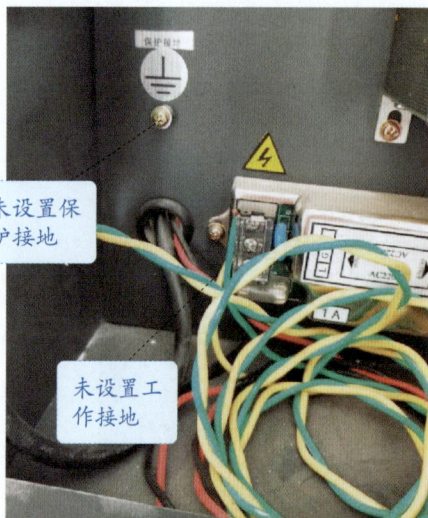

图示一

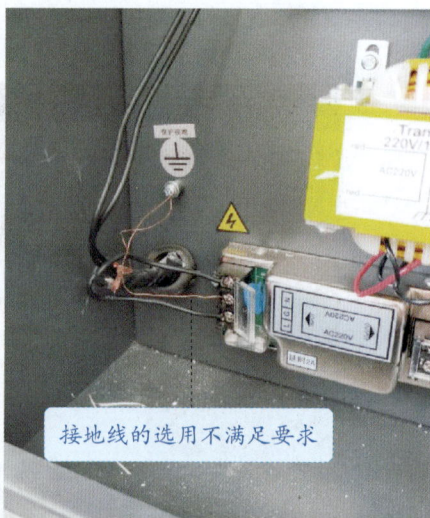

图示二

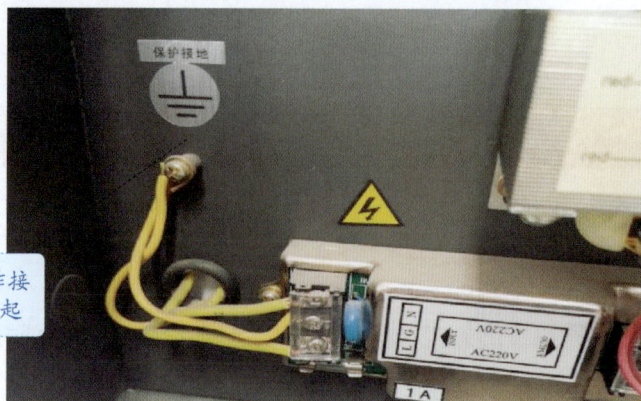

图示三

2. 原因分析

1）建设单位、施工单位或监理单位对相关规范不了解，无法准确把控安装要点；

2）施工人员专业知识欠缺，责任心不强。

规范要求及正确做法

1. 规范要求

1）《火灾自动报警系统设计规范》（GB 50116—2013）第 10.2.1 条"火灾自动报警系统接地装置的接地电阻值应符合下列规定：1 采用共用接地装置时，接地电阻值不应大于 1Ω。2 采用专用接地装置时，接地电阻值不应大于 4Ω"。

2）《火灾自动报警系统设计规范》（GB 50116—2013）第 10.2.2 条"消防控制室内的电气和电子设备的金属外壳、机柜、机架和金属管、槽等，应采用等电位连接"。

3）《建筑消防设施检验规程 第一部分：火灾自动报警系统》（DB15/T 353.1—2020）第 3.4.8.1 条"工作接地应符合以下要求：d）工作接地与保护接地应该分开设置"。

4）《火灾自动报警系统设计规范》（GB 50116—2013）第 10.2.3 条"由消防控制室接地板引至各消防电子设备的专用接地线应选用铜芯绝缘导线，其线芯截面面积不应小于 4mm^2"。

2. 正确做法

图示四

图示五

预防措施及整改建议

（1）控制与显示类设备的接地应牢固，并应设置明显的永久性标识；

（2）交流供电和 36V 以上直流供电的消防用电设备的金属外壳应有接地保护，其接地线应与电气保护接地干线（PE）相连接；

（3）工作接地线与保护接地线，必须分开设置；

（4）接地装置施工完毕后，应及时做隐蔽工程验收，测量接地电阻，并做记录。

类　别	火灾自动报警系统
问　题	火灾自动报警系统线缆敷设保护形式不满足要求

问题描述及原因分析

1. 问题描述

1）明敷线缆未穿金属导管或未采用封闭式金属槽盒保护【图示一】；

2）明敷线缆不应采用 PVC 线槽（线管）保护【图示二】；

3）明敷线缆采用 JDG 或镀锌钢管保护时，未按要求涂刷防火涂料【图示三】；

4）线缆暗敷时未穿管保护，其不燃烧体保护层厚度小于 30mm【图示四】。

明敷线缆未采取
防火保护措施

图示一

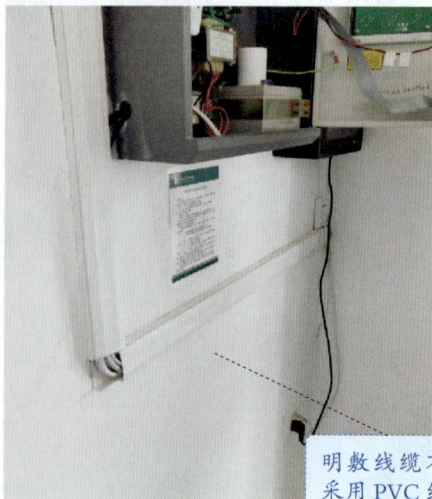

明敷线缆不应
采用 PVC 线槽

图示二

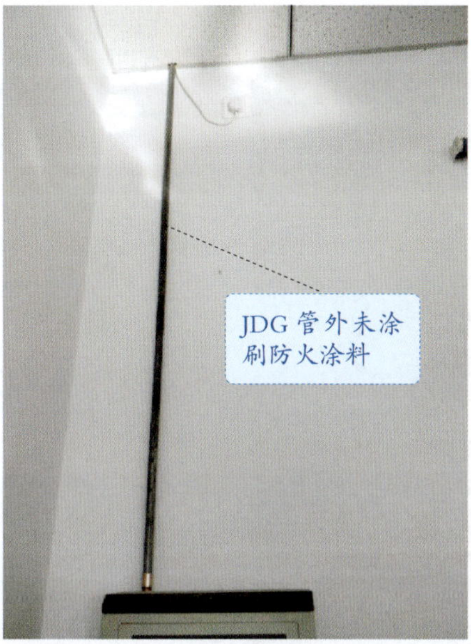

JDG 管外未涂刷防火涂料

暗敷时未穿管保护，保护层厚度不足

图示三 　　　　　　　　　　　　图示四

2. 原因分析

1）建设单位、施工单位或监理单位对相关规范不了解，无法准确把控安装要点；

2）施工单位未按设计图纸或规范图集要求进行施工；

3）结构浇筑前未提前介入预埋穿线管及穿线盒，导致后期无法补救。

规范要求及正确做法

1. 规范要求

1）《火灾自动报警系统设计规范》（GB 50116—2013）第 11.2.3 条"线路暗敷设时，应采用金属管、可挠（金属）电气导管或 B1 级以上的刚性塑料管保护，并应敷设在不燃烧体的结构层内，且保护层厚度不宜小于 30mm；线路明敷设时，应采用金属管、可挠（金属）电气导管或金属封闭线槽保护。矿物绝缘类不燃性电缆可直接明敷"。

2）《建筑设计防火规范》（GB 50016—2014）（2018 年版）第 10.1.10 条"消防配电线路应满足火灾时连续供电的需要，其敷设应符合下列规定：1 明敷时（包括敷设在吊顶内），应穿金属导管或采用封闭式金属槽盒保护，金属导管或封闭式金属槽盒应采取防火保护措施；当采用阻燃或耐火电缆并敷设在电缆井、沟内时，可不穿金属导管或采用封闭式金属槽盒保护；当采用矿物绝缘类不燃性电缆时，可直接明敷。2 暗敷时，应穿管并应敷设在不燃性结构内且保护层厚度不应小于 30mm"。

2. 正确做法

图示五

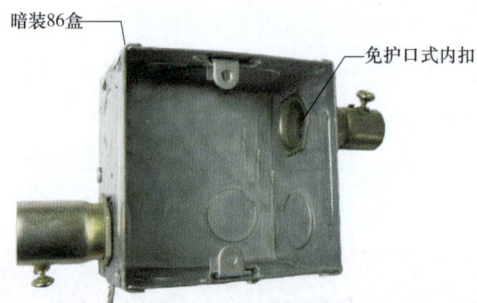

暗装86盒 — 免护口式内扣

图示六

暗装86盒 — 护口 — 锁扣

图示七

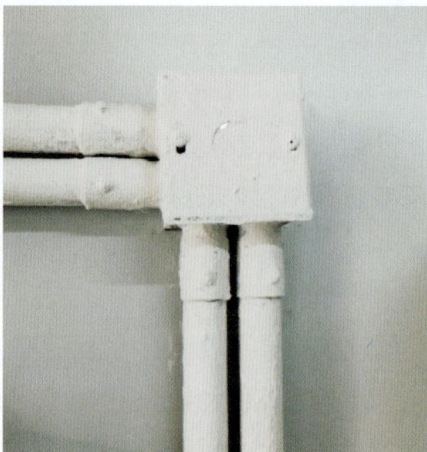

图示八

预防措施及整改建议

（1）消防控制、通信和报警线路只有在暗敷时才允许采用经阻燃处理的硬质塑料管，其他情况下应采用金属管或金属线槽。

（2）线缆敷设在非燃烧体的结构层内（主要指混凝土层内）其保护层厚度不宜小于30mm，管线在混凝土内可以起到保护作用。

（3）涂刷防火涂料应注意：

1）涂刷防火涂料需要在管道表面清洁、干燥的基础上进行，减少涂料与污物、水汽等的接触；

2）涂刷厚度应符合产品标准规定，不允许出现漏刷、垂流、积聚等现象；

3）涂刷防火涂料时需要注意控制涂刷速度和平均涂料厚度，确保涂料的排布齐整、不应出现泛白、毛刺等现象。

类　别	火灾自动报警系统
问　题	模块的设置不满足要求

问题描述及原因分析

1. 问题描述

1）模块不应安装在火灾报警控制器箱体内【图示一】；

2）未按图施工，现场模块箱内未安装模块【图示二】；

模块不应安装在火灾报警控制器箱体内

图示一

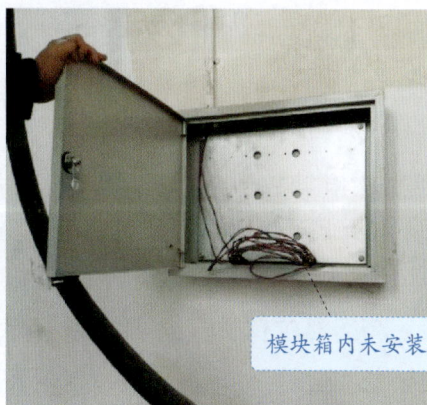

模块箱内未安装模块

图示二

3）模块仅粘贴点位号，未粘贴使用用途标识【图示三】；

4）模块未设置在专用模块箱内【图示四】。

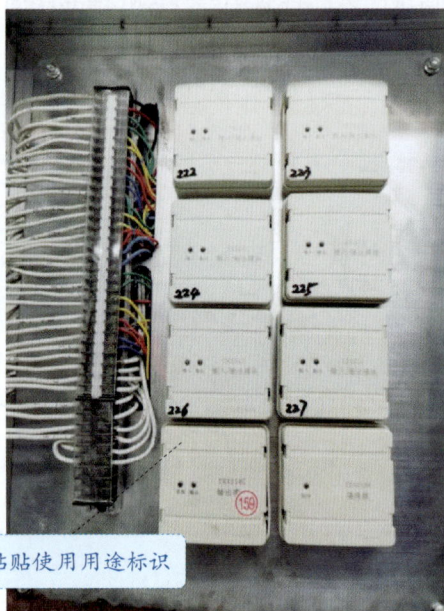

图示三

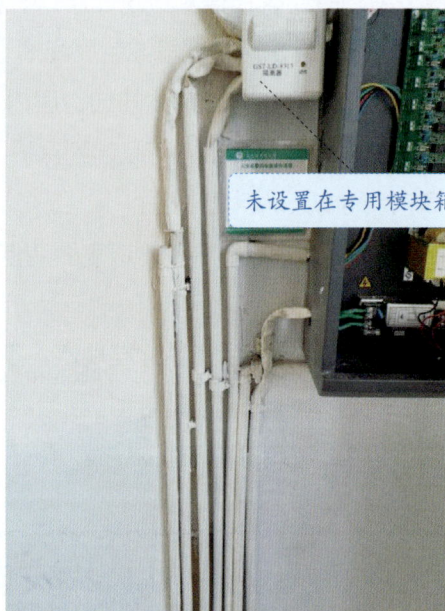

图示四

2. 原因分析

1）建设单位、施工单位或监理单位对相关规范不了解，无法准确把控安装要点；

2）施工随意性较大，未按图纸要求进行施工。

规范要求及正确做法

1. 规范要求

1）《火灾自动报警系统设计规范》（GB 50116—2013）第 6.8.2 条"模块严禁设置在配电（控制）柜（箱）内"。

2）《火灾自动报警系统施工及验收标准》（GB 50166—2019）第 3.3.17 条"模块或模块箱的安装应符合下列规定：1 同一报警区域内的模块宜集中安装在金属箱内，不应安装在配电柜、箱或控制柜、箱内；2 应独立安装在不燃材料或墙体上，安装牢固，并应采取防潮、防腐蚀等措施；3 模块的连接导线应留有不小于 150mm 的余量，其端部应有明显的永久性标识；4 模块的终端部件应靠近连接部件安装；5 隐蔽安装时在安装处附近应设置检修孔和尺寸不小于 100mm×100mm 的永久性标识"。

2. 正确做法

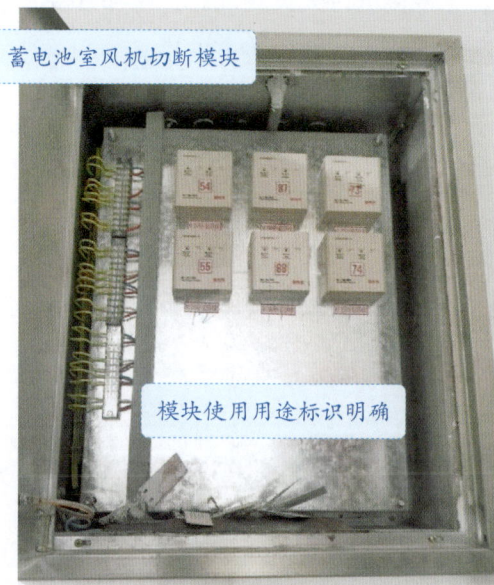

蓄电池室风机切断模块

模块使用用途标识明确

图示五

MKX-12C

模块箱

图示六

预防措施及整改建议

（1）同一报警区域内的模块宜集中安装在金属箱内；

（2）模块（或金属箱）应独立支撑或固定，安装牢固，应采取防潮、防腐蚀等措施；

（3）模块的连接导线应留有不小于 150mm 的余量，其端部应有明显标志。

类　别	火灾自动报警系统
问　题	声光警报器的设置不满足要求

问题描述及原因分析

1. 问题描述

1）声光警报器的安装高度不满足要求【图示一】；

2）室外设置的声光警报器无防护设施【图示二】；

3）声光警报器启动逻辑关系错误：部分站在对其中一座建筑进行火灾测试时，联动启动了其他建筑的声光警报器；部分站在对主控楼进行火灾测试时，仅部分楼层声光警报器启动。

图示一

图示二

2. 原因分析

1）建设单位、施工单位或监理单位对相关规范不了解，无法准确把控安装要点；

2）施工单位未按设计图纸或规范图集要求进行施工。

规范要求及正确做法

1. 规范要求

1）《火灾自动报警系统设计规范》（GB 50116—2013）第6.5.3条"当火灾警报器采用壁挂方式安装时，底边距地面高度应大于 2.2m"。

2）《火灾自动报警系统设计规范》（GB 50116—2013）第4.8.1条"火灾自动报警系统应设置火灾声光警报器，并应在确认火灾后启动建筑内的所有火灾声光警报器"。

3）《火灾自动报警系统设计规范》（GB 50116—2013）第4.8.5条"同一建筑内设置多个火灾声警报器时，火灾自动报警系统应能同时启动和停止所有火灾声警报器工作"。

2. 正确做法

图示三

预防措施及整改建议

（1）图纸会审时要求设计人员进行多专业综合会审，特殊高度要在设计说明中予以明确；

（2）火灾声光警报装置应安装在楼梯口、建筑内部拐角等处的明显部位，且不宜与消防应急疏散指示标志灯具安装在同一面墙上，确需安装在同一面墙上时，距离不应小于 1m；

（3）施工单位应严格按图施工，当现场与图纸有出入或不明确时应及时向建设单位、设计单位咨询进行变更，不可擅作决定导致畸形工程的出现；

（4）火灾声光警报装置应安装牢固，表面不应有破损；

（5）建筑内设置多个火灾声光警报器时，同时启动同时停止，可以保证火灾警报信息传递的一致性以及人员响应的一致性。

类　别	火灾自动报警系统
问　题	手动火灾报警按钮的设置不满足要求

问题描述及原因分析

1. 问题描述

　　1）室外设置的手动火灾报警按钮无防护设施【图示一】；

　　2）未接通插孔电话功能的手动火灾报警按钮不应粘贴电话标识【图示二】、图纸要求接通插孔电话功能的手动火灾报警按钮现场测试无法正常使用【图示三】；

　　3）手动火灾报警按钮不应被遮挡【图示四】。

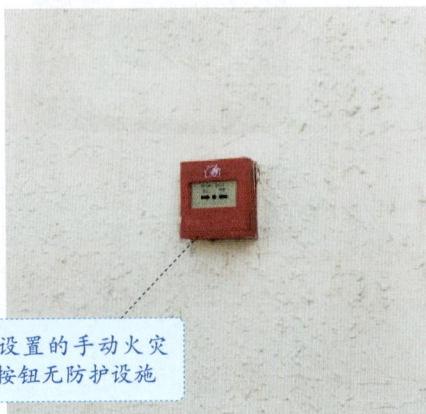

室外设置的手动火灾报警按钮无防护设施

图示一

未接通插孔电话功能的手动火灾报警按钮不应粘贴电话标识

图示二

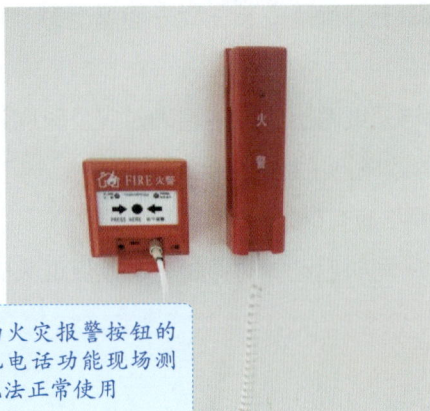

手动火灾报警按钮的插孔电话功能现场测试无法正常使用

图示三

手动火灾报警按钮不应被遮挡

图示四

2. 原因分析

　　1）设计图纸未对室外设置的手动报警按钮提出防护要求。

　　2）验收人员对相关规范不了解；施工人员缺乏责任心。

规范要求及正确做法

1. 规范要求

　　1）《火灾自动报警系统设计规范》（GB 50116—2013）第6.3.1条"每个防火分区应至少设置一只手动火灾报警按钮"。

　　2）《火灾自动报警系统设计规范》（GB 50116—2013）第6.3.2条"手动火灾报警按钮应设置在明显和便于操作的部位。当采用壁挂方式安装时，其底边距地高度宜为1.3m~1.5m，且应有明显的标志"。

2. 正确做法

图示五

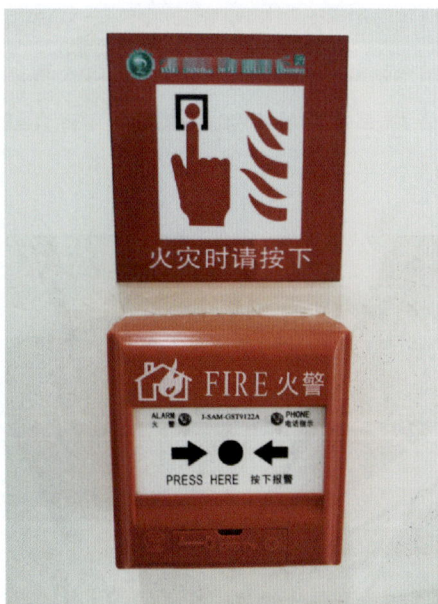

图示六

预防措施及整改建议

　　（1）手动报警按钮应设置在明显的和便于操作的部位。当安装在墙上时，其底边距地高度宜为1.3m~1.5m，且应有明显的标志，以便于识别；

（2）按照图纸要求带插孔电话功能的手动火灾报警按钮应保证其通话功能畅通，并粘贴电话标识；

（3）验收人员严格按照图纸要求进行验收。

类 别	火灾自动报警系统
问 题	缆式线型感温火灾探测器的设置不满足要求

问题描述及原因分析

1. 问题描述

1）电缆竖井内未设置缆式线型感温火灾探测器【图示一】；

2）电缆沟内设置火灾探测器时不宜选择点型感烟探测器【图示二】；

3）感温线缆不应涂刷防火涂料，其功能无法正常使用【图示三】；

4）感温线缆处理器、终端盒、模块等被隐蔽，且其隐蔽位置未粘贴明显标识【图示四】。

电缆竖井内未设置缆式线型感温火灾探测器

图示一

电缆沟内不宜选择点型感烟探测器

图示二

电缆竖井内感温线缆不应涂刷防火涂料

图示三

感温线缆处理器、终端盒、模块等被隐蔽，且无明显标识

图示四

2. 原因分析

1）设计者对现场不了解，探测器选型有误；

2）建设单位或监理单位对相关规范不了解，验收把关不严；

3）施工人员责任心不强。

规范要求及正确做法

1. 规范要求

1）《火灾自动报警系统设计规范》（GB 50116—2013）第 5.2.3 条"有大量粉尘、水雾滞留场所不宜选择点型离子感烟火灾探测器"。

2）《火灾自动报警系统设计规范》（GB 50116—2013）第 5.2.4 条"有大量粉尘、水雾滞留场所不宜选择点型光电感烟火灾探测器"。

3）《火灾自动报警系统设计规范》（GB 50116—2013）第 5.3.3 条"以下场所或部位，宜选择缆式线型感温火灾探测器：1 电缆隧道、电缆竖井、电缆夹层、电缆桥架。2 不易安装点型探测器的夹层、闷顶。3 各种皮带输送装置。4 其他环境恶劣不合适点型探测器安装的场所"。

4）《火灾自动报警系统施工及验收标准》（GB 50166—2019）第 3.3.17 条"模块或模块箱隐蔽安装时在安装处附近应设置检修孔和尺寸不小于 100mm×100mm 的永久性标识"。

5）《火力发电厂与变电站设计防火标准》（GB 50229—2019）第 11.5.25 条 "地下变电站、户内无人值班的变电站的电缆夹层及电缆竖井应设置火灾自动报警系统"。

2. 正确做法

感温线缆接触式 S 形排列

图示五

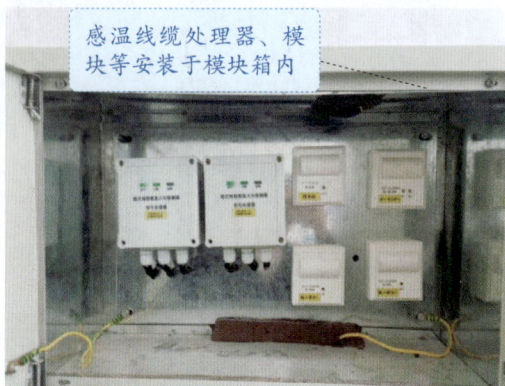

感温线缆处理器、模块等安装于模块箱内

图示六

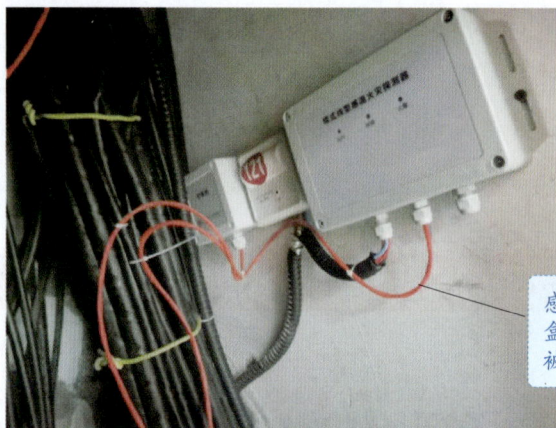

感温线缆处理器、终端盒等采用壁挂安装，未被隐蔽

图示七

预防措施及整改建议

（1）缆式线型感温火灾探测器在保护电缆等类似保护对象时，应采用接触式布置；潮湿环境不建议选择点型感烟火灾探测器，误报率较高。

（2）缆式线型感温火灾探测器应采用 "S" 形布置在每层电缆的上表面。

（3）与缆式线型感温火灾探测器连接的模块不宜设置在长期潮湿或温度变化较大的场所。

（4）施工单位应严格按图施工，当现场与图纸有出入或不明确时应及时向建设单位、设计单位咨询进行变更，不可擅作决定导致畸形工程的出现。

（5）验收人员要核对图纸，严格核查现场是否满足图纸要求。

类　别	火灾自动报警系统
问　题	消防电话的设置不满足要求

问题描述及原因分析

1. 问题描述

1）消防电话总机未投入使用【图示一】。

2）未按要求设置消防电话系统，消控室无消防电话总机【图示二】；消防水泵房、泡沫小室等处未设置消防电话分机或插孔电话。

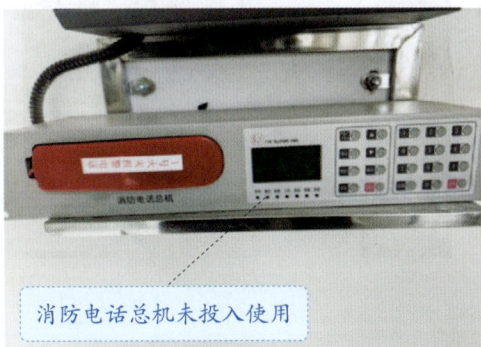

消防电话总机未投入使用

图示一

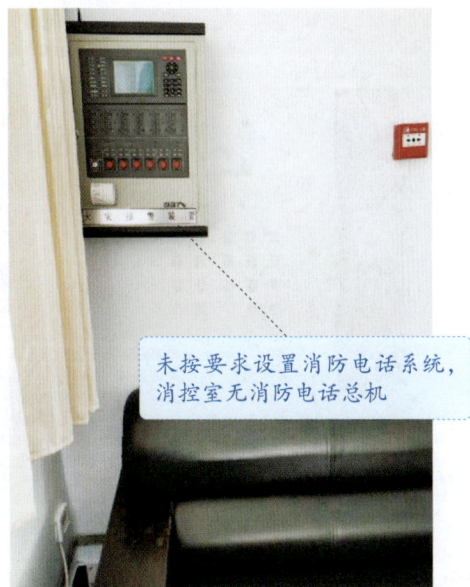

未按要求设置消防电话系统，消控室无消防电话总机

图示二

2. 原因分析

1）使用单位管理不到位，设备维护不到位。

2）建设单位或监理单位对相关规范不了解；设计单位漏项未按要求设置消防电话系统。

规范要求及正确做法

1. 规范要求

1)《火灾自动报警系统设计规范》(GB 50116—2013)第 6.7.2 条"消防控制室应设置消防专用电话总机"。

2)《火灾自动报警系统设计规范》(GB 50116—2013)第 6.7.4 条"电话分机或电话插孔的设置,应符合下列规定:1 消防水泵房、发电机房、配变电室、计算机网络机房、主要通风和空调机房、防排烟机房、灭火控制系统操作装置处或控制室、企业消防站、消防值班室、总调度室、消防电梯机房及其他与消防联动控制有关的且经常有人值班的机房应设置消防专用电话分机。消防专用电话分机,应固定安装在明显且便于使用的部位,并应有区别于普通电话的标识。2 设有手动火灾报警按钮或消火栓按钮等处,宜设置电话插孔,并宜选择带有电话插孔的手动火灾报警按钮。4 电话插孔在墙上安装时,其底边距地面高度宜为 1.3m~1.5m"。

2. 正确做法

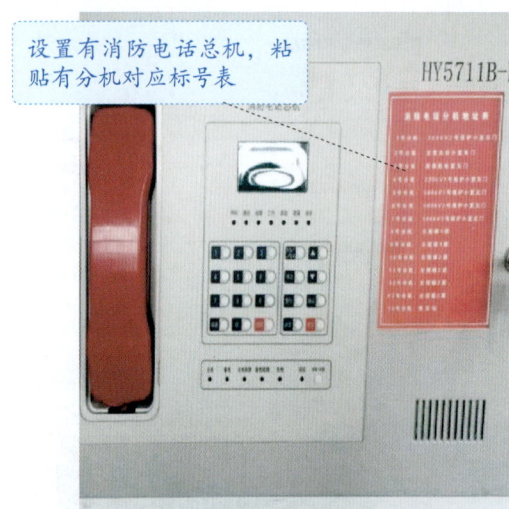

设置有消防电话总机,粘贴有分机对应标号表

图示三

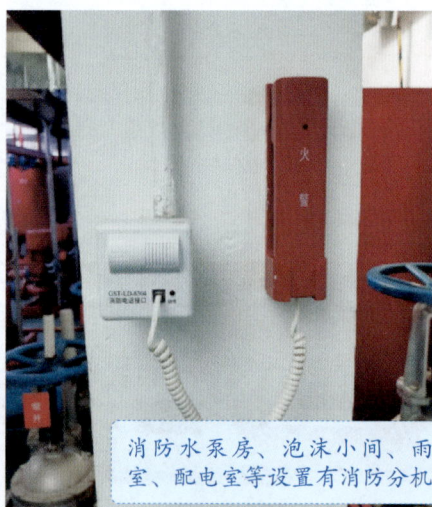

消防水泵房、泡沫小间、雨淋阀室、配电室等设置有消防分机电话

图示四

预防措施及整改建议

(1)消防电话的总机设在消防控制室,是消防电话的重要组成部分,消防电话分机设置在建筑物中各关键部位,能够与消防电话总机进行全双工语音通信。消防电话插孔安装在建筑物各处,插上电话手柄就可以和消防电话总机通信。

（2）消防专用电话线路的可靠性，关系到火灾时消防通信指挥系统是否畅通，故而要求消防专用电话网络应为独立的消防通信系统，就是说不能利用一般电话线路或综合布线网络（PDS 系统）代替消防专用电话线路，消防专用电话网络应独立布线。

（3）为了确保消防专用电话的可靠性，消防专用电话总机与电话分机或插孔之间的呼叫方式应该是直通的，中间不应有交换或转接程序，宜选用共电式直通电话机或对讲电话机。

（4）施工单位应严格按图施工，当现场与图纸有出入或不明确时应及时向建设单位、设计单位咨询进行变更，不可擅作决定导致畸形工程的出现。

（5）管理人员定期对消防电话系统进行检查，有问题及时报修。

类　别	火灾自动报警系统
问　题	消火栓报警按钮不符合规范要求

问题描述及原因分析

1. 问题描述

1）消火栓箱内未按要求设置消火栓按钮【图示一】；

2）消火栓按钮线路明敷时未穿管保护【图示二】。

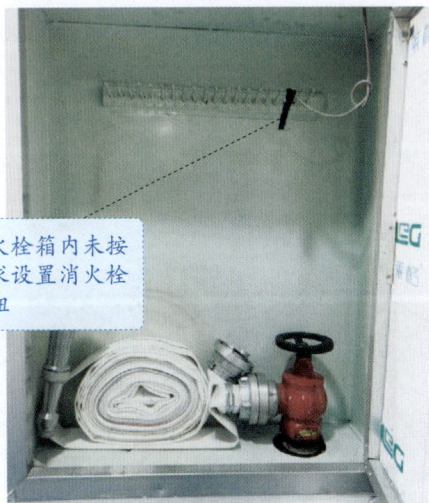

消火栓箱内未按要求设置消火栓按钮

图示一

消火栓报警按钮线路明敷时未穿管保护

图示二

2. 原因分析

1）建设单位、施工单位或监理单位对相关规范不了解，无法准确把控安装要点。

2）施工单位未按设计图纸或规范图集要求进行施工。

3）验收人员对相关规范不了解；施工人员缺乏责任心。

规范要求及正确做法

1. 规范要求

1）《火灾自动报警系统设计规范》（GB 50116—2013）第 4.3.1 条"联动控制方式，应由消火栓系统出水干管上设置的低压压力开关、高位消防水箱出水管上设置的流量开关或报警阀压力开关等信号作为触发信号，直接控制启动消火栓泵，联动控制不应受消防联动控制器处于自动或手动状态影响。当设置消火栓按钮时，消火栓按钮的动作信号应作为报警信号及启动消火栓泵的联动触发信号，由消防联动控制器联动控制消火栓泵的启动"。

2）《火灾自动报警系统设计规范》（GB 50116—2013）第 11.2.3 条"线路暗敷设时，应采用金属管、可挠（金属）电气导管或 B1 级以上的刚性塑料管保护，并应敷设在不燃烧体的结构层内，且保护层厚度不宜小于 30mm；线路明敷设时，应采用金属管、可挠（金属）电气导管或金属封闭线槽保护。矿物绝缘类不燃性电缆可直接明敷"。

3）2006 年前建筑可按《建筑设计防火规范》（GB 50016—2006）第 8.4.3 条"高位消防水箱静压不能满足最不利点消火栓水压要求的其他建筑，应在每个室内消火栓处设置直接启动消防水泵的按钮，并应有保护设施"。

2. 正确做法

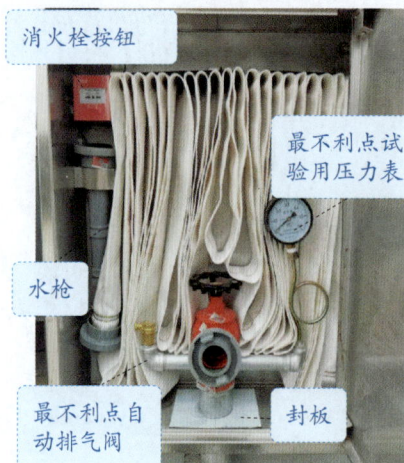

图示三

图示四

预防措施及整改建议

（1）部分消火栓按钮的生产企业将消防电话插孔和消火栓按钮作为一体，而消火栓按钮在安装时应设置在消火栓箱内，因此消防电话在使用时容易受到消火栓工作的影响，因此消防电话插孔不应设置在消火栓箱内。

（2）当建筑物内设有火灾自动报警系统时，消火栓按钮的动作信号作为火灾报警系统和消火栓系统的联动触发信号，由消防联动控制器联动控制消防泵启动，消防泵的动作信号作为系统的联动反馈信号应反馈至消防控制室，并在消防联动控制器上显示。消火栓按钮经联动控制器启动消防泵的优点是减少布线量和线缆使用量，提高整个消火栓系统的可靠性。

（3）消火栓按钮与手动火灾报警按钮的使用目的不同，不能互相替代。稳高压系统中，虽然不需要消火栓按钮启动消防泵，但消火栓按钮给出的使用消火栓位置的报警信息是十分必要的，因此稳高压系统中，消火栓按钮也是不能省略的。

（4）当建筑物内无火灾自动报警系统时，消火栓按钮用导线直接引至消防泵控制箱（柜），启动消防泵。

変電站消防
标准化图集

PART 2

第二部分

消防给水
及消火栓
系统

类 别	消防给水及消火栓系统
问 题	穿越消防水池及水泵房的管线未按要求加装柔性套管

问题描述及原因分析

1. 问题描述

1）穿越消防水池或水泵房的管线未按要求设置柔性套管【图示一】；

2）预埋的柔性套管尺寸与现场管道的尺寸不匹配【图示二】。

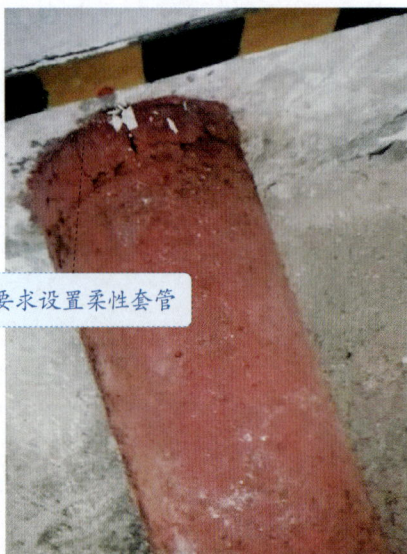

未按要求设置柔性套管

柔性套管尺寸与现场管道的尺寸不匹配

图示一　　　　　　　　　　图示二

2. 原因分析

1）建设单位或监理单位对相关规范不了解，图纸信息读取不全；

2）施工单位未按设计图纸或规范图集要求进行施工，私自取消设施；

3）设计人员漏项，图纸会审把关不严。

规范要求及正确做法

1. 规范要求

1）《消防给水及消火栓系统技术规范》（GB 50974—2014）第 12.3.2 条"消防水泵的安装应符合下列要求：6 当消防水泵和消防水池位于独立的两个基础上且相互

为刚性连接时，吸水管上应加设柔性连接管"。

2)《消防给水及消火栓系统技术规范》（GB 50974—2014）第 12.3.3 条"天然水源取水口、地下水井、消防水池和消防水箱安装施工，应符合下列要求：5 钢筋混凝土制作的消防水池和消防水箱的进出水等管道应加设防水套管，钢板等制作的消防水池和消防水箱的进出水等管道宜采用法兰连接，对有振动的管道应加设柔性接头。组合式消防水池或消防水箱的进水管、出水管接头宜采用法兰连接，采用其他连接时应做防锈处理"。

2. 正确做法

图示三

图示四

图示五

预防措施及整改建议

（1）在墙体钢筋捆扎过程中配合土建进行安装；

（2）套管标高、尺寸、轴线定位应准确，安装应牢固；

（3）套管安装好后，套管必须与侧模垂直。

类 别	消防给水及消火栓系统
问 题	连接消防水泵的管线接头不满足要求

问题描述及原因分析

1. 问题描述

1）可曲挠橡胶接头老化未更换【图示一】；

2）消防水泵房施工时未及时校准预埋套管标高，或消防水泵到场安装前未及时校准厂家提供的中心标高【图示二】；

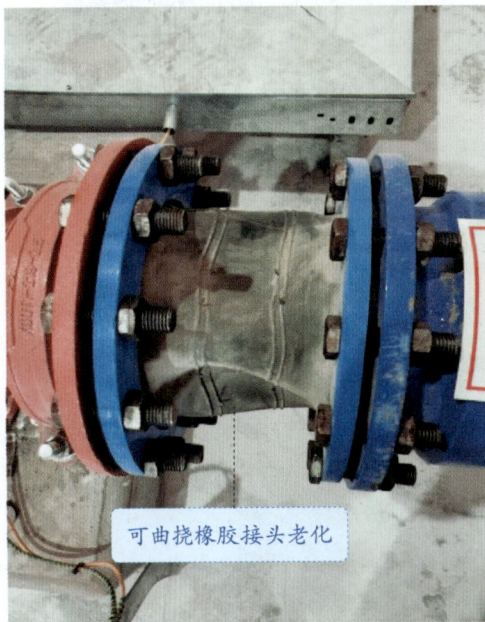

可曲挠橡胶接头老化

图示一

消防水泵施工管线标高未及时校准

图示二

3）消防水泵吸水管线上偏心异径管未采用管顶平接的方式【图示三】；

4）橡胶软接头与偏心异径管安装位置错误【图示四】。

图示三

图示四

2. 原因分析

1）建设单位或监理单位对相关规范不了解，图纸信息读取不全；

2）施工单位未按设计图纸或规范图集要求进行施工；

3）设备维护保养不到位，未及时更换老化破损的设施。

规范要求及正确做法

1. 规范要求

《消防给水及消火栓系统技术规范》（GB 50974—2014）第 12.3.2 条"消防水泵的安装应符合下列要求：7 吸水管水平管段上不应有气囊和漏气现象。变径连接时，应采用偏心异径管件并应采用管顶平接；9 消防水泵的隔振装置、进出水管柔性接头的安装应符合设计要求，并应有产品说明和安装使用说明"。

2. 正确做法

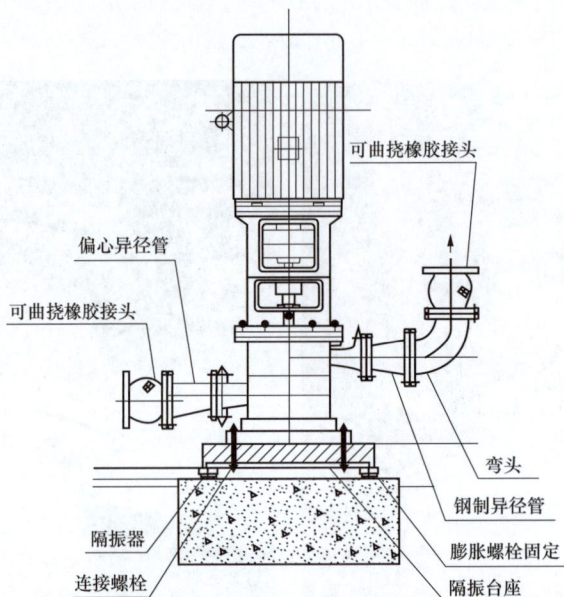

图示五

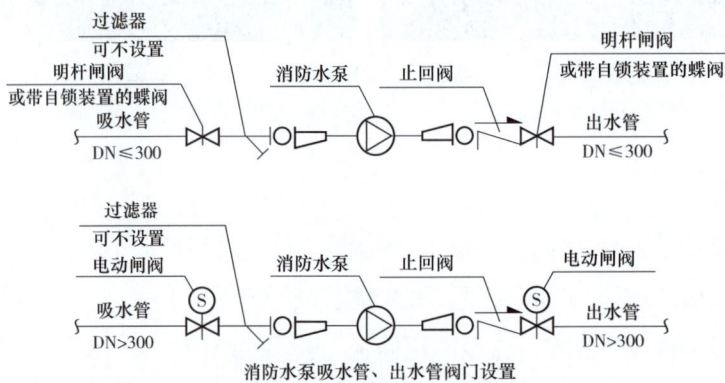

消防水泵吸水管、出水管阀门设置

图示六

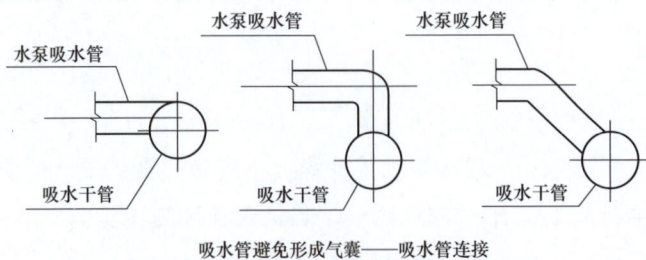

吸水管避免形成气囊——吸水管连接

图示七

预防措施及整改建议

（1）图纸是规范精华的汇总，建设单位、监理单位、施工单位在施工前应及时了解全面读懂设计图纸，不可盲目施工。

（2）水泵基础灌注前应校核水泵轴向与预埋管道标高的对应性，存在不一致情况应及时调整。

（3）定期对设备设施进行巡视，已老化的设备应及时维修或更换。

（4）消防水泵吸水管安装若有倒坡现象则会产生气囊，采用大小头与消防水泵吸水口连接，如果是同心大小头，则在吸水管上部有倒坡现象存在。异径管的大小头上部会存留从水中析出的气体，因此应采用偏心异径管，且要求吸水管的上部保持平接。

类 别	消防给水及消火栓系统
问 题	室内消火栓及其附件不满足要求

问题描述及原因分析

1. 问题描述

1）室内消火栓选型错误，设计管网压力达不到限值，不应采用减压型消火栓【图示一】；

2）室内消火栓安装不规范，手轮紧靠箱体无法转动【图示二】；

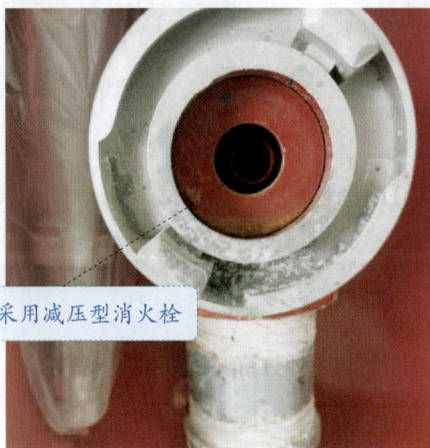

不应采用减压型消火栓

手轮紧靠箱体无法转动

图示一　　　　　　　　　　　图示二

3）室内消火栓箱内配置的消防水带与栓头尺寸不匹配，无法使用【图示三】；

4）未定期维保，栓头锈蚀被杂物堵塞、水带老化【图示四】、【图示五】；

5）消火栓箱内消防水带的盘置错误【图示六】。

DN50 的栓头却配置了 DN65 的水带无法使用

图示三

栓头锈蚀被杂物堵塞

图示四

水带老化

图示五

水带盘置错误

图示六

2. 原因分析

1）建设单位或监理单位对相关规范不了解，图纸信息读取不全；

2）设施的维护保养不到位。

规范要求及正确做法

1. 规范要求

1)《消防给水及消火栓系统技术规范》（GB 50974—2014）第 7.4.2 条"室内消火栓的配置应符合下列要求：1 应采用 DN65 室内消火栓，并可与消防软管卷盘或轻便水龙设置在同一箱体内；2 应配置公称直径 65 有内衬里的消防水带，长度不宜超过 25.0m；消防软管卷盘应配置内径不小于 ϕ19 的消防软管，其长度宜为 30.0m；轻便水龙应配置公称直径 25 有内衬里的消防水带，长度宜为 30.0m"。

2)《消防给水及消火栓系统技术规范》（GB 50974—2014）第 7.4.12 条"室内消火栓栓口压力和消防水枪充实水柱，应符合下列规定：1 消火栓栓口动压力不应大于 0.50MPa；当大于 0.70MPa 时必须设置减压装置"。

3)《中华人民共和国消防法》（2021 年修订）第十六条"机关、团体、企业、事业等单位应当履行下列消防安全职责：（二）按照国家标准、行业标准配置消防设施、器材，设置消防安全标志，并定期组织检验、维修，确保完好有效"。

2. 正确做法

```
SN × × × - × - × - ×
                    └── 厂家自定义
                  └──── 异径三通式代号
              └──────── 减压稳压类别代号
          └──────────── 公称通径DN（mm）
        └────────────── 型式代号：见图示八（次序从左至右）
    └────────────────── 室内消火栓代号
```

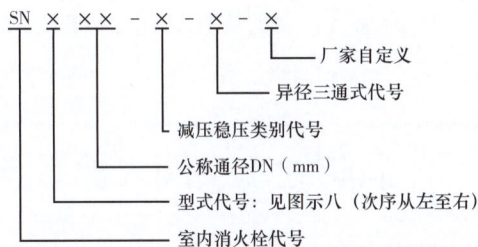

型号示例：公称通径为65mm，稳压类别代号为Ⅲ的旋转减压稳压型室内消火栓型号可表示为：SNZW65–Ⅲ。

图示七

消火栓型式代号

型式	出口数量		栓阀数量		普通直角出口型
	单出口	双出口	单阀	双阀	
代号	不标注	S	不标注	S	不标注

型式	45°出口型	旋转型	减压型	减压稳压型	异径三通式
代号	A	Z	J	W	Y

图示八

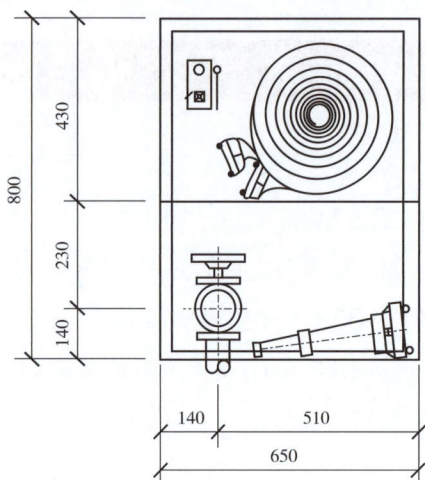

图示九

图示十

预防措施及整改建议

（1）室内消火栓如果栓口压力大于 0.70MPa，水枪反作用力将大于 350N，两名消防队员也难以掌握进行灭火。因此，消火栓栓口水压若大于 0.70MPa 必须采取减压措施，一般采用减压阀、减压稳压消火栓、减压孔板等。

（2）加强设施的维护，定期巡检，及时更换老化破损的设施。

类 别	消防给水及消火栓系统
问 题	室外消火栓的设置不满足要求

问题描述及原因分析

1. 问题描述

1）室外消火栓栓口距消防井盖底面的高度不满足要求【图示一】；

2）室外消火栓无防冻措施致使栓头冻结【图示二】；

3）室外消火栓井无使用功能明显标识【图示三】；

4）室外消火栓系统停用，系统处于无水状态【图示四】；

5）室外消火栓设置形式错误，冬季无法使用【图示五】。

栓口距消防井盖底面高度不满足要求

图示一

消火栓冻结

图示二

无使用功能明显标识

图示三

室外消火栓处于无水状态

图示四

室外消火栓设置形式错误

图示五

2. 原因分析

1）建设单位或监理单位对相关规范不了解，图纸信息读取不全；

2）施工单位未按设计图纸或规范图集要求进行施工；

3）新建或技改工程未委托正规设计单位进行设计。

规范要求及正确做法

1. 规范要求

1）《消防给水及消火栓系统技术规范》（GB 50974—2014）第 7.2.1 条 "采用地下式室外消火栓，地下消火栓井的直径不宜小于 1.5m，且当地下式室外消火栓的取水口在冰冻线以上时，应采取保温措施"。

2）《消防给水及消火栓系统技术规范》（GB 50974—2014）第 12.3.6 条 "3 消防水泵接合器永久性固定标志应能识别其所对应的消防给水系统或水灭火系统，当有分区时应有分区标识；4 地下消防水泵接合器应采用铸有'消防水泵接合器'标志的铸铁井盖，并应在其附近设置指示其位置的永久性固定标志"。

3）《消防给水及消火栓系统技术规范》（GB 50974—2014）第 12.3.7 条 "3 地下式消火栓顶部进水口或顶部出水口应正对井口。顶部进水口或顶部出水口与消防井盖底面的距离不应大于 0.4m，井内应有足够的操作空间，并应做好防水措施。4 地下式室外消火栓应设置永久性固定标志"。

4）《中华人民共和国消防法》（2021 年修订）第十六条 "机关、团体、企业、事业等单位应当履行下列消防安全职责：（二）按照国家标准、行业标准配置消防设施、器材，设置消防安全标志，并定期组织检验、维修，确保完好有效"。

2. 正确做法

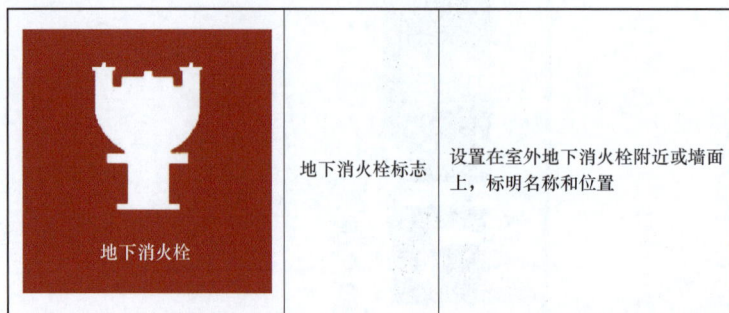

| | 地下消火栓标志 | 设置在室外地下消火栓附近或墙面上，标明名称和位置 |

图示六

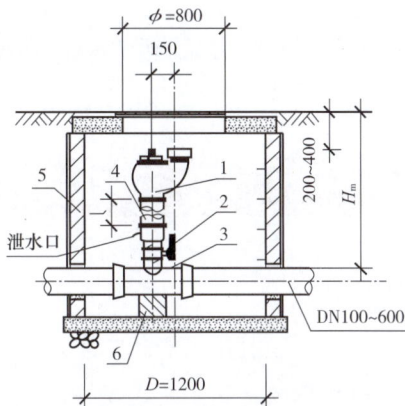

1—地下式消火栓；2—蝶阀；3—消火栓三通；
4—法兰接管；5—圆形立式闸阀井；6—砖砌支墩

图示七

主要设备及材料表

编号	名称	规格		材料	单位	数量	备注
		1.0MPa	1.6MPa				
1	地下式消火栓	SA100-1.0	SA100-1.6		套	1	
2	蝶阀	D71X-10 DN100	D71X-16 DN100		个	1	与消火栓配套供应
3	消火栓三通	铸铁或钢制三通	钢制三通		个	1	钢制三通详见图集 01S403
4	法兰接管	长度 l = 250,500,……, 1750		铸铁	个	1	管道覆土深度为 1000mm 时无此件
5	圆形立式闸阀井	D = 1200			座	1	详见图集 01S502
6	砖砌支墩	由设计人确定					

预防措施及整改建议

（1）严格按照图纸或规范要求进行安装，室外消火栓一定做好防冻措施，很多工程因为未按要求设置保温井或法兰接管（延长空管）段长度不足，导致整个室外消火栓系统冬季无法运行；

（2）消火栓井、水泵接合器井的功能标识应清晰明确，栓口距地坪不大于 400mm。

类　别	消防给水及消火栓系统
问　题	水泵控制柜防护等级不满足要求

问题描述及原因分析

1. 问题描述

1）消防水泵控制柜与消防水泵处于同一空间内，防护等级不满足要求【图示一】；

2）控制柜标牌上无防护等级，原始出厂资料未留存，无法核准其防护等级是否满足规范要求【图示二】。

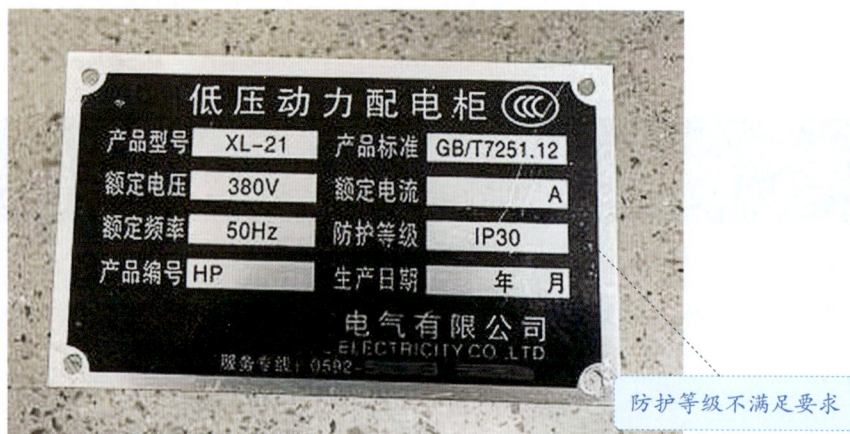

防护等级不满足要求

图示一

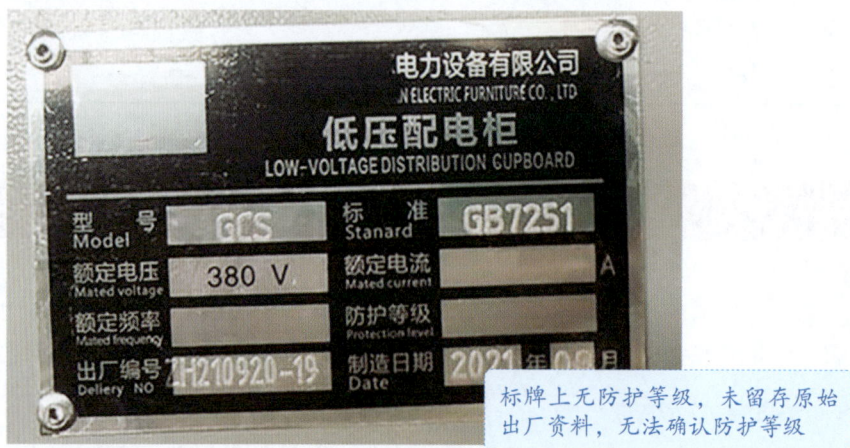

标牌上无防护等级，未留存原始出厂资料，无法确认防护等级

图示二

2. 原因分析

1）建设单位或监理单位对相关规范不了解，图纸信息读取不全；

2）定制设备时提供的有效参数不满足规范要求；

3）验收把关时遗漏规范强制项；

4）未及时向施工方或厂家索要出厂相关检验报告或使用说明书。

规范要求及正确做法

1. 规范要求

《消防给水及消火栓系统技术规范》（GB 50974—2014）第 11.0.9 条"消防水泵控制柜设置在专用消防水泵控制室时，其防护等级不应低于 IP30；与消防水泵设置在同一空间时，其防护等级不应低于 IP55"。`

2. 正确做法

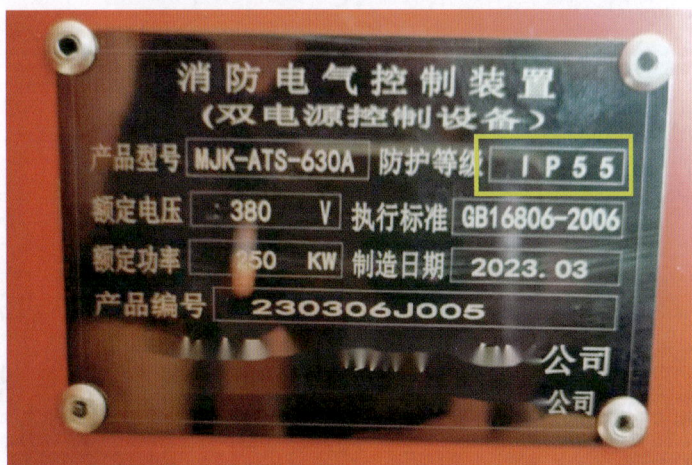

图示三

预防措施及整改建议

（1）消防水泵房内有压水管道多，一旦因压力过高如水锤等原因而泄漏，当喷射到消防水泵控制柜时有可能影响控制柜的运行，导致供水可靠性降低，因此要求控制柜的防护等级不应低于 IP55，IP55 是防尘防射水。当控制柜设置在专用的控制室，根据国家现行标准，控制室不允许有管道穿越，因此消防水泵控制柜的防护等级可适当降低，IP30 能满足防尘要求。

（2）此条为规范强制性条款，定制设备时应严格执行。

（3）在控制柜的明显部位应设置标志牌和控制原理图等；设备型号、规格、数量、标牌、线路图纸及说明书、设备表、材料表等技术文件应齐全，并应符合设计要求。

类 别	消防给水及消火栓系统
问 题	消防水泵房内管道不应采用暗杆闸阀，管道及阀门标识标牌缺失

问题描述及原因分析

1. 问题描述

1）消防水泵等消防设施缺少标识标牌【图示一】；

2）消防管道阀门缺少标识【图示二】；

3）消防水泵房内设置的阀门不建议采用暗杆闸阀【图示三】。

消防设施缺少标识标牌

图示一

图示二　　　　　　　　　　　　　　图示三

2. 原因分析

1）建设单位或监理单位对相关规范不了解，图纸信息读取不全；

2）施工单位未按设计图纸或规范图集要求进行施工；

3）验收把关不严。

规范要求及正确做法

1. 规范要求

1）《消防给水及消火栓系统技术规范》（GB 50974—2014）第 5.1.13 条"离心式消防水泵吸水管、出水管和阀门等，应符合下列规定：5 消防水泵的吸水管上应设置明杆闸阀或带自锁装置的蝶阀，但当设置暗杆阀门时应设有开启刻度和标志；当管径超过 DN300 时，宜设置电动阀门；6 消防水泵的出水管上应设止回阀、明杆闸阀；当采用蝶阀时，应带有自锁装置；当管径大于 DN300 时，宜设置电动阀门"。

2）《消防给水及消火栓系统技术规范》（GB 50974—2014）第 14.0.12 条"消火栓、消防水泵接合器、消防水泵房、消防水泵、减压阀、报警阀和阀门等，应有明确的标识"。

2. 正确做法

图示四

图示五

明杆
闸阀
图示六

对夹式
蝶阀
图示七

涡轮式
蝶阀
图示八

预防措施及整改建议

　　消防设备标识标牌是消防设施的重要组成部分，它能够提供消防设备的位置、使用方法和注意事项等信息，帮助人们及时使用消防设备，保障人员和财产的安全，应该得到足够的重视和应用。

类　别	消防给水及消火栓系统
问　题	消防水泵超压泄压装置不满足要求

问题描述及原因分析

1. 问题描述

　　1）消防水泵房超压泄压管回流水未接入消防水池，致使消防水泵房存在被水淹风险【图示一】；

　　2）安全阀安装后未根据系统设计压力及时调整，致使消防给水系统超压不泄压【图示二】。

图示一

图示二

2. 原因分析

　　1）建设单位或监理单位对相关规范不了解，图纸信息读取不全；

　　2）施工单位未按设计图纸或规范图集要求进行施工，消防水池预埋施工时未预留回流套管；

　　3）安全阀安装后未及时调整其动作压力，或已调整的压力值与系统不匹配，出现超压不泄压或未达到系统工作压力提前泄压的情况。

规范要求及正确做法

1. 规范要求

《消防给水及消火栓系统技术规范》（GB 50974—2014）第 13.2.6 条"工作泵、备用泵、吸水管、出水管及出水管上的泄压阀、水锤消除设施、止回阀、信号阀等的规格、型号、数量，应符合设计要求；吸水管、出水管上的控制阀应锁定在常开位置，并应有明显标记"。

2. 正确做法

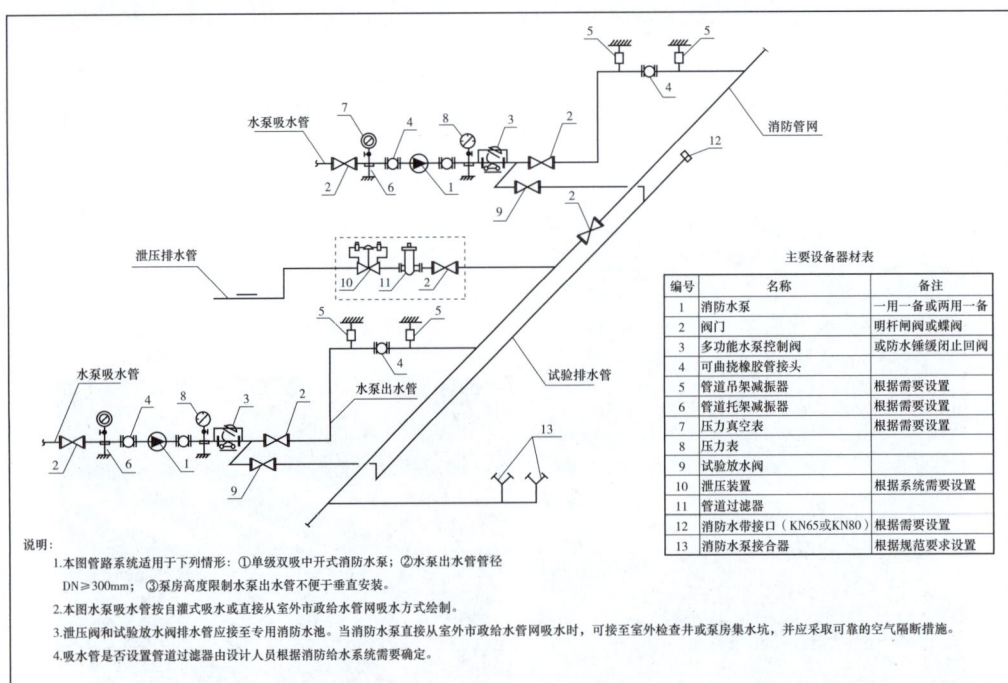

主要设备器材表		
编号	名称	备注
1	消防水泵	一用一备或两用一备
2	阀门	明杆闸阀或蝶阀
3	多功能水泵控制阀	或防水锤缓闭止回阀
4	可曲挠橡胶管接头	
5	管道吊架减振器	根据需要设置
6	管道托架减振器	根据需要设置
7	压力真空表	根据需要设置
8	压力表	
9	试验放水阀	
10	泄压装置	根据系统需要设置
11	管道过滤器	
12	消防水带接口（KN65或KN80）	根据需要设置
13	消防水泵接合器	根据规范要求设置

说明：
1. 本图管路系统适用于下列情形：①单级双吸中开式消防水泵；②水泵出水管管径 DN≥300mm；③泵房高度限制水泵出水管不便于垂直安装。
2. 本图水泵吸水管按自灌式吸水或直接从室外市政给水管网吸水方式绘制。
3. 泄压阀和试验放水阀排水管应接至专用消防水池。当消防水泵直接从室外市政给水管网吸水时，可接至室外检查井或泵房集水坑，并应采取可靠的空气隔断措施。
4. 吸水管是否设置管道过滤器由设计人员根据消防给水系统需要确定。

图示三

先导式泄压阀

图示四

弹簧式泄压阀

图示五

预防措施及整改建议

（1）泄压阀主要用于保持消防系统的稳定水压和防止水泵过载。它能够在消防系统压力达到设定值时，自动打开并排放多余的水压，以保持系统的稳定工作状态。同时，当系统压力下降到一定程度时，持压泄压阀又能够自动关闭，以避免水泵过载和消防系统失效。因此，持压泄压阀在消防工程泵房中起着重要的作用，是保障消防系统正常运行的重要设备之一。

（2）泄压阀及其管道安装完成后，及时调整其参数，应满足设计压力值要求。

类　别	消防给水及消火栓系统
问　题	消防水泵及消防水池的设置不满足要求

问题描述及原因分析

1. 问题描述

1）消防水泵房温度过低，阀体冻裂【图示一】；

2）一体化泵站无围护结构材料认证文件，其耐火等级不明确【图示二】；

消防水泵房温度过低，阀体冻裂

图示一

消防泵房无法核准耐火等级

图示二

3）地下消防水泵房未设置通风设施【图示三】；

4）消防水池自动补水浮球阀失效，导致消防水池水量不足【图示四】；

图示三

图示四

2. 原因分析

1）消防水泵房设计围护结构传热系数选用错误，暖气配置不足；

2）未定期巡查消防水泵房，温度降低时未及时送暖；

3）一体式泵站设备厂家未复核围护结构耐火等级；

4）消防水池水位信号未远传入消防控制室，定期巡视未发现设备损坏情况。

规范要求及正确做法

1. 规范要求

1）《消防给水及消火栓系统技术规范》（GB 50974—2014）第 5.5.9 条"消防水泵房的设计应根据具体情况设计相应的采暖、通风和排水设施，并应符合下列规定：1 严寒、寒冷等冬季结冰地区采暖温度不应低于 10℃，但当无人值守时不应低于 5℃；2 消防水泵房的通风宜按 6 次 /h 设计"。

2）《消防给水及消火栓系统技术规范》（GB 50974—2014）第 5.5.12 条"消防水泵房应符合下列规定：1 独立建造的消防水泵房耐火等级不应低于二级"。

2. 正确做法

图示五

图示六

图示七

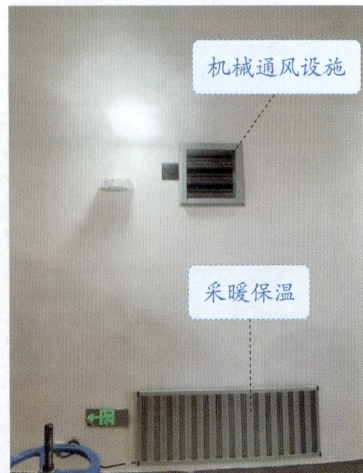
图示八

预防措施及整改建议

（1）无法满足自然通风的消防水泵房应设置机械通风设施；

（2）水不结冰的工程设计最低温度是 5℃，而经常有人的场所最低温度是 10℃；

（3）消防水泵是消防给水系统的心脏，独立设置的消防水泵房的耐火等级不应低于二级。

类 别	消防给水及消火栓系统
问 题	消防水泵房自动排水设施不满足要求

问题描述及原因分析

1. 问题描述

　　1）自动排水设施控制柜未打至自动状态【图示一】；

　　2）排水泵出水管线未安装止回阀【图示二】；

　　3）未安装排水泵及水位控制浮球开关【图示三】；

　　4）自动排水装置失效，消防水泵房被淹【图示四】。

图示一

未安装止回阀

图示二

未安装排水泵及水位控制浮球开关

图示三

自动排水装置失效，消防水泵房被淹

图示四

2. 原因分析

1）建设单位或监理单位对相关规范不了解，图纸信息读取不全；

2）施工单位未按设计图纸或规范图集要求进行施工；

3）维保单位维保质量不高，未及时对不能使用的设施进行修复。

规范要求及正确做法

1. 规范要求

1）《消防给水及消火栓系统技术规范》（GB 50974—2014）第5.5.9条"消防水泵房应设置排水设施"。

2）《消防给水及消火栓系统技术规范》（GB 50974—2014）第9.1.2条"排水措施应满足财产和消防设施安全，以及系统调试和日常维护管理等安全和功能的需要"。

3）《消防给水及消火栓系统技术规范》（GB 50974—2014）第9.2.4条"室内消防排水设施应采取防止倒灌的技术措施"。

2. 正确做法

图示五

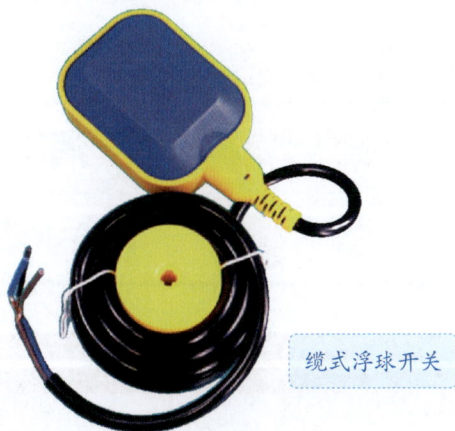

图示六

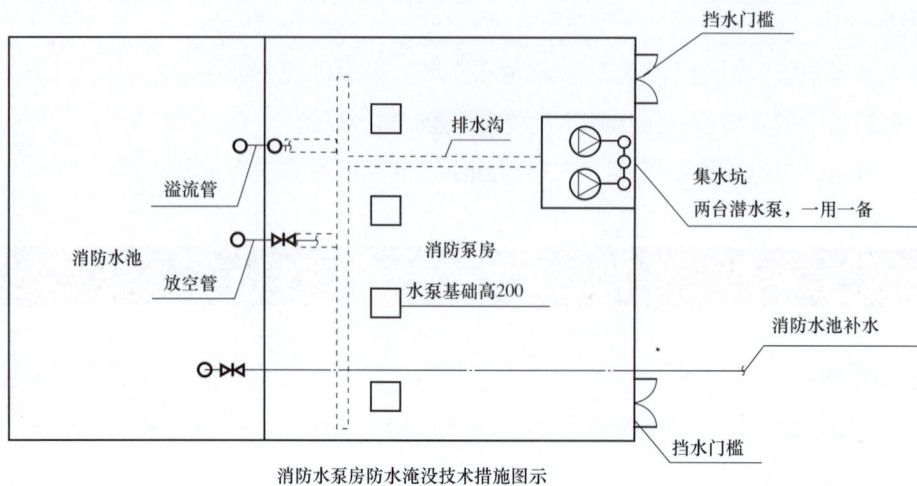

消防水泵房防水淹没技术措施图示

图示七

预防措施及整改建议

（1）消防水泵房设置的排水泵在消防系统中起到非常重要的作用，它们能够及时排除消防泵房的积水，确保消防设施的正常运转，从而保障消防系统的有效性和可靠性。如果没有排水泵，一旦泵房内或者各个消防设备周围的积水达到一定程度，就有可能会影响消防设备的正常运转，导致灭火工作不能正常进行。

（2）消防水泵房排水设施非检修状态下应打至自动状态。

（3）排水管道应安装止回阀，防止其他污水通过排水管道灌入消防泵房。

类　别	消防给水及消火栓系统
问　题	消防水泵及控制阀门老化锈蚀

问题描述及原因分析

1. 问题描述

1）消防水泵联轴器锈死无法启泵【图示一】；

2）室外检修阀门井内两条出水干管阀门关闭锈死，系统瘫痪【图示二】。

联轴器锈死无法启泵

图示一

室外检修阀门井内两条出水干
管阀门关闭锈死，系统瘫痪

图示二

2. 原因分析

1）消防设施疏于管理、维护和保养，致使带病运行，无法真正发挥应有的作用；

2）运维人员未定期进行巡视或巡视流于形式；

3）消防设备设施已达使用寿命未及时更换。

规范要求及正确做法

1. 规范要求

1）《中华人民共和国消防法》（2021 年修订）第十六条"机关、团体、企业、事业等单位应当履行下列消防安全职责：（二）按照国家标准、行业标准配置消防设施、器材，设置消防安全标志，并定期组织检验、维修，确保完好有效"。

（2）《消防给水及消火栓系统技术规范》（GB 50974—2014）第 14.0.12 条"消火栓、消防水泵接合器、消防水泵房、消防水泵、减压阀、报警阀和阀门等，应有明确的标识"。

2. 正确做法

图示三

预防措施及整改建议

（1）消防设施必须定期维护、保养，发现故障及时清除，确保消防设施能够正常运行，发挥其有效的安全预警功能。

（2）消防设备和系统在长期使用过程中，难免会出现老化、故障等问题，这些问题都可能成为火灾事故的隐患。通过定期防火巡查，及时发现和解决潜在的安全隐患。

类 别	消防给水及消火栓系统
问 题	消防水泵房供电不满足要求

问题描述及原因分析

1. 问题描述

1）消防水泵房最末一级配电柜（箱）处未设置双回路自动切换装置，或配电柜（箱）未引入备用供电回路【图示一】；

2）消防水泵房明敷供电线路未采取防火保护措施【图示二】。

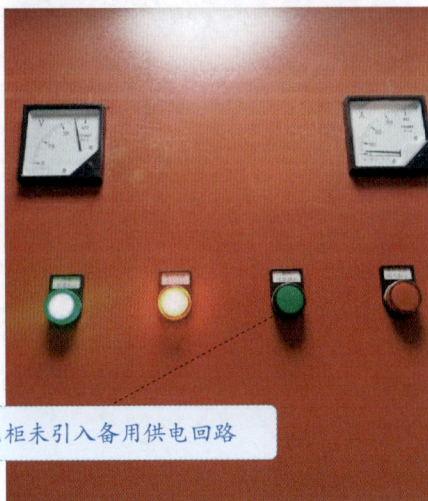

配电柜未引入备用供电回路

图示一

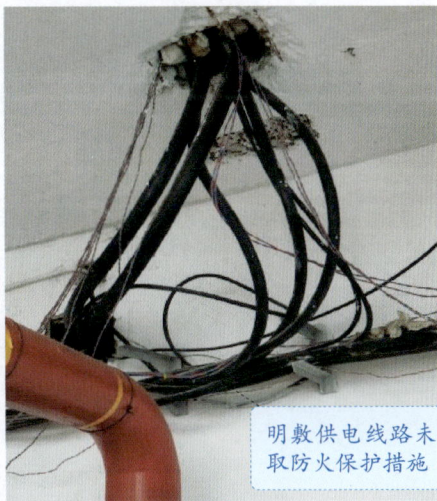

明敷供电线路未采取防火保护措施

图示二

2. 原因分析

1）建设单位或监理单位对相关规范不了解，图纸信息读取不全；

2）施工单位未按设计图纸或规范图集要求进行施工；

3）验收把关不严，未及时发现问题。

规范要求及正确做法

1. 规范要求

1)《建筑设计防火规范》（GB 50016—2014）（2018 年版）第 10.1.8 条"消防控制室、消防水泵房、防烟和排烟风机房的消防用电设备及消防电梯等的供电，应在其配电线路的最末一级配电箱处设置自动切换装置"。

2)《建筑设计防火规范》（GB 50016—2014）（2018 年版）第 10.1.10 条"消防配电线路应满足火灾时连续供电的需要，其敷设应符合下列规定：1 明敷时（包括敷设在吊顶内），应穿金属导管或采用封闭式金属槽盒保护，金属导管或封闭式金属槽盒应采取防火保护措施；当采用阻燃或耐火电缆并敷设在电缆井、沟内时，可不穿金属导管或采用封闭式金属槽盒保护；当采用矿物绝缘类不燃性电缆时，可直接明敷。2 暗敷时，应穿管并应敷设在不燃性结构内且保护层厚度不应小于 30mm"。

2. 正确做法

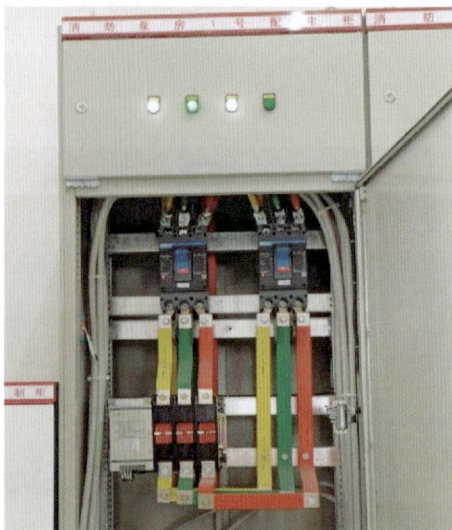
图示三

图示四

图示五

预防措施及整改建议

（1）消防配电线路的敷设是否安全，直接关系到消防用电设备在火灾时能否正常运行；工程中，电气线路的敷设方式主要有明敷和暗敷两种方式。对于明敷方式，由于线路暴露在外，火灾时容易受火焰或高温的作用而损毁，因此要求线路明敷时要穿金属导管或金属线槽并采取保护措施。保护措施一般可采取包覆防火材料或涂刷防火涂料。

（2）此条为规范强制性条文，必须严格执行。

类 别	消防给水及消火栓系统
问 题	消防水泵机械应急启动功能不满足要求

问题描述及原因分析

1. 问题描述

1）消防水泵控制柜未按要求设置机械应急启动装置【图示一】；

2）机械应急启动把手旁未粘贴与消防水泵一一对应的明显标识【图示二】。

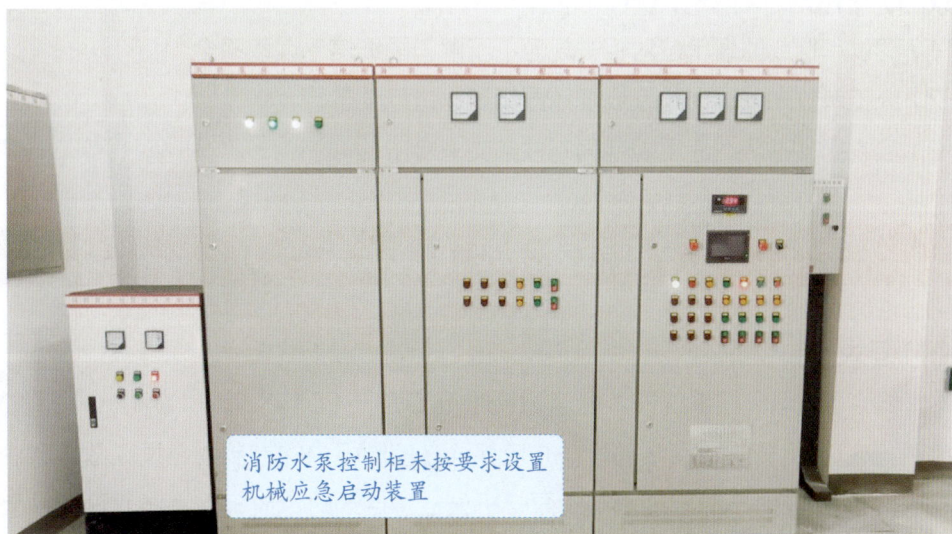

消防水泵控制柜未按要求设置机械应急启动装置

图示一

未粘贴与消防水泵一一
对应的明显标识

图示二

2. 原因分析

1）建设单位或监理单位对相关规范不了解，图纸信息读取不全；

2）施工单位未按设计图纸或规范图集要求进行施工；

3）验收把关不严，违反规范强制性条文未验出。

规范要求及正确做法

1. 规范要求

《消防给水及消火栓系统技术规范》（GB 50974—2014）第 11.0.12 条"消防水泵控制柜应设置机械应急启泵功能，并应保证在控制柜内的控制线路发生故障时由有管理权限的人员在紧急时启动消防水泵。机械应急启动时，应确保消防水泵在报警后 5.0min 内正常工作"。

2. 正确做法

图示三

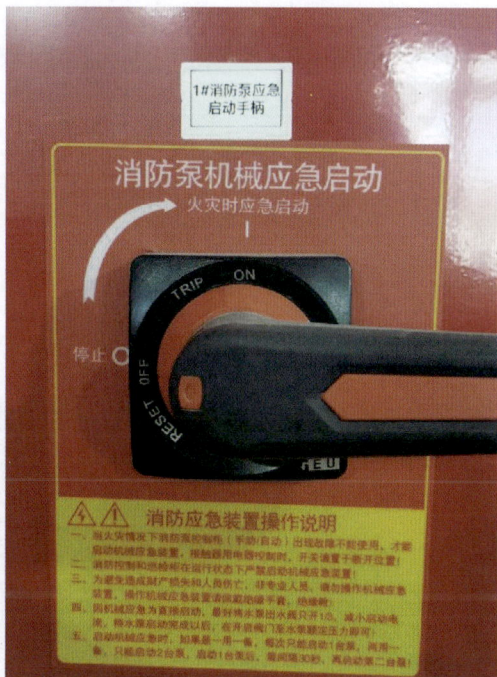
图示四

预防措施及整改建议

（1）压力开关、流量开关等弱电信号和硬拉线是通过继电器来自动启动消防泵的，如果弱电信号因故障或继电器等故障不能自动或手动启动消防泵，应依靠消防泵房设置的机械应急启动装置启动消防泵。

（2）当消防水泵控制柜内的控制线路发生故障而不能使消防水泵自动启动时，若立即进行排除线路故障的修理会受到人员素质、时间上的限制，所以在消防发生的紧急情况下是不可能进行的。为此，要求消防水泵只要供电正常的条件下，无论控制线路如何都能强制启动，以保证火灾扑救的及时性。

（3）此条为规范强制性条款，必须严格执行。

类 别	消防给水及消火栓系统
问 题	消防水泵接地不满足要求

问题描述及原因分析

1. 问题描述

消防水泵未按要求设置保护接地【图示一】。

未按要求设置保护接地

图示一

2. 原因分析

1）建设单位或监理单位对相关规范不了解，图纸信息读取不全；

2）施工单位未按设计图纸或规范图集要求进行施工。

规范要求及正确做法

1. 规范要求

1）《建筑电气工程施工质量验收规范》（GB 50303—2015）第 3.1.7 条"电气设备的外露可导电部分应单独与保护导体相连接，不得串联连接，连接导体的材质、截面积应符合设计要求"。

2)《建筑电气工程施工质量验收规范》（GB 50303—2015）第 6.1.1 条"电动机、电加热器及电动执行机构的外露可导电部分必须与保护导体可靠连接"。

3)《电气装置安装工程　接地装置施工及验收规范》（GB 50169—2016）第3.0.4 条"电气装置的下列金属部分，均必须接地：1 电气设备的金属底座、框架及外壳和传动装置"。

2. 正确做法

图示二

图示三

预防措施及整改建议

（1）图纸是规范精华的汇总，建设单位、监理单位、施工单位在施工前应及时了解全面读懂设计图纸，不可盲目施工。

（2）消防泵的接地线能够将泵体的漏电流及时导入到大地中，降低触电危险的发生率，保护操作人员的安全。

类 别	消防给水及消火栓系统
问 题	消防水池（箱）无就地水位显示装置或 远传液位报警装置

问题描述及原因分析

1. 问题描述

1）消防水池无就地液位显示装置【图示一】；

2）消防控制室未安装消防水池、高位水箱远传液位报警装置【图示二】；

3）已安装的液位远传报警装置水位显示异常，报警功能未打开【图示三】。

2. 原因分析

1）建设单位或监理单位对相关规范不了解，图纸信息读取不全；

2）施工单位未按设计图纸或规范图集要求进行施工。

消防水池无就地液位显示装置

图示一

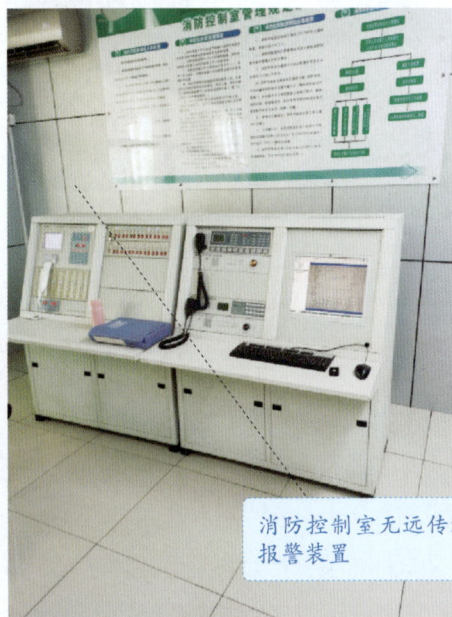

消防控制室无远传液位报警装置

图示二

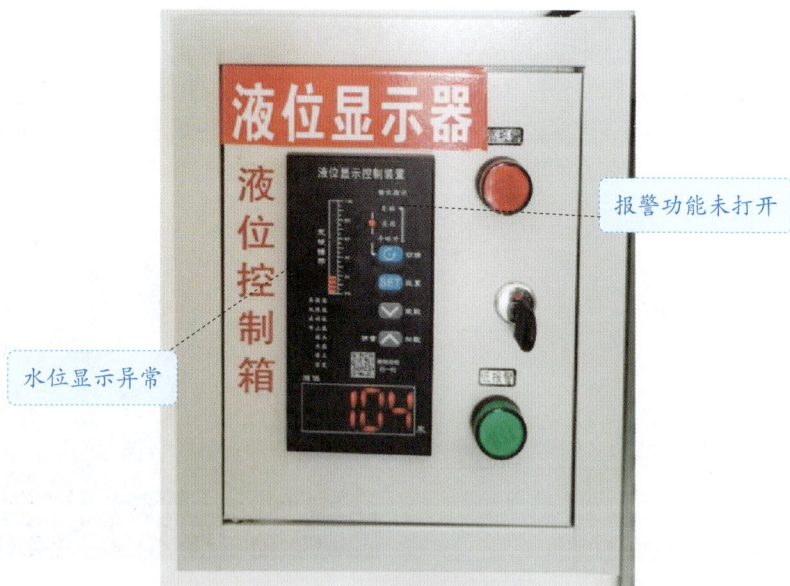

报警功能未打开

水位显示异常

图示三

规范要求及正确做法

1. 规范要求

　　《消防给水及消火栓系统技术规范》（GB 50974—2014）第 4.3.9 条"消防水池、高位水箱应设置就地水位显示装置，并应在消防控制中心或值班室等地点设置显示消防水池水位的装置，同时应有最高和最低报警水位"。

2. 正确做法

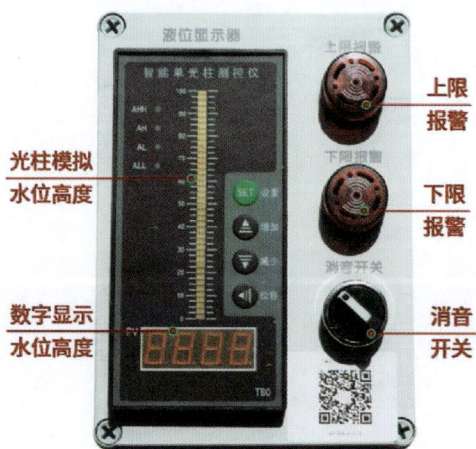

光柱模拟
水位高度

数字显示
水位高度

上限
报警

下限
报警

消音
开关

图示四

图示五

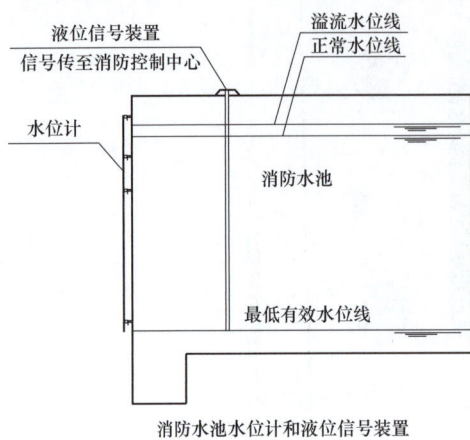

消防水池水位计和液位信号装置
图示六

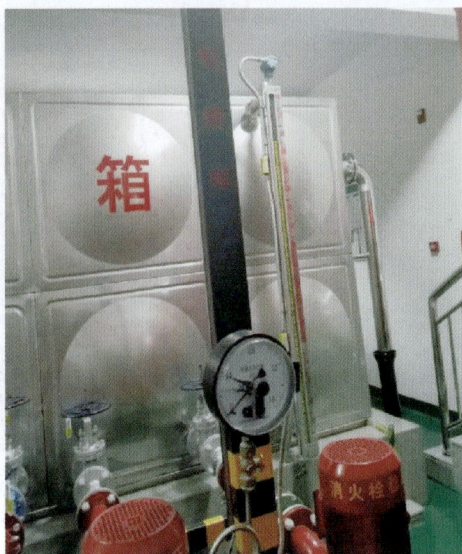

图示七

预防措施及整改建议

　　图纸是规范精华的汇总，建设单位、监理单位、施工单位在施工前应及时了解全面读懂设计图纸，不可盲目施工。

变电站消防
标准化图集

PART **3**

第三部分

主变压器水喷雾灭火系统

类 别	主变压器水喷雾灭火系统
问 题	不应采用手动或电动蝶阀替代雨淋阀组

问题描述及原因分析

1. 问题描述

1）主变压器水喷雾灭火系统控制阀不应采用手动蝶阀替代雨淋阀组【图示一】；

2）主变压器水喷雾灭火系统控制阀不应采用电动蝶阀替代雨淋阀组【图示二】。

不应采用手动蝶阀替代雨淋阀组

不应采用电动蝶阀替代雨淋阀组

图示一　　　　　　　　　　图示二

2. 原因分析

1）建设单位或监理单位对相关规范不了解，图纸信息读取不全；

2）技改人员专业不精通，定技改方案时随意性较大。

规范要求及正确做法

1. 规范要求

1）《水喷雾灭火系统技术规范》（GB 50219—2014）第 2.1.1 条 "水喷雾灭火

系统由水源、供水设备、管道、雨淋报警阀（或电动控制阀、气动控制阀）、过滤器和水雾喷头等组成，向保护对象喷射水雾进行灭火或防护冷却的系统"。

2）《水喷雾灭火系统技术规范》（GB 50219—2014）第4.0.3条"按本规范表3.1.2的规定，响应时间不大于120s的系统（油浸式变压器火灾响应时间60s），应设置雨淋报警阀组，雨淋报警阀组的功能及配置应符合下列要求：1 接收电控信号的雨淋报警阀组应能电动开启，接收传动管信号的雨淋报警阀组应能液动或气动开启；2 应具有远程手动控制和现场应急机械启动功能；3 在控制盘上应能显示雨淋报警阀开、闭状态；4 宜驱动水力警铃报警；5 雨淋报警阀进出口应设置压力表；6 电磁阀前应设置可冲洗的过滤器"。

2. 正确做法

隔膜式雨淋阀

活塞式雨淋阀

图示三

图示四

杠杆式雨淋阀

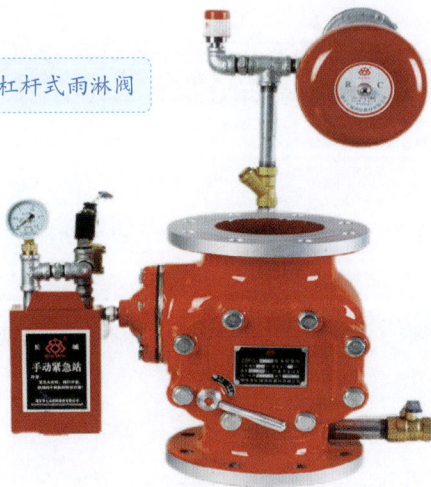

图示五

预防措施及整改建议

（1）图纸是规范精华的汇总，建设单位、监理单位、施工单位在施工前应及时了解全面读懂设计图纸，不可盲目施工或随意更改。

（2）与电动阀、气动阀相比，雨淋报警阀具有操作方便、开启迅速、可靠性高等特点，对于要求快速响应的系统，特别是希望采用水喷雾进行灭火时，要采用雨淋报警阀。油浸式变压器火灾响应时间 60s 小于规范限值 120s，故而主变压器水喷雾灭火系统需使用雨淋阀。

（3）雨淋报警阀是一种消防专用的水力快开阀，具有既可远程遥控、又可就地人为操作两种开启阀门的操作方式，因此，能够满足水喷雾灭火系统的自动控制、手动控制和应急操作三种控制方式的要求。此外，雨淋报警阀一旦开启，可使水流在瞬间达到额定流量。

（4）除雨淋报警阀外，雨淋报警阀组尚要求配套设置压力表、水力警铃和压力开关、水流控制阀和检查阀等，以满足监测水喷雾灭火系统的供水压力，显示雨淋报警阀启闭状态和便于维护检查等要求。另外，为防止系统堵塞，需在电磁阀前设可冲洗的过滤器。

类 别	主变压器水喷雾灭火系统
问 题	雨淋阀未按要求粘贴标识或已粘贴的标识错误

问题描述及原因分析

1. 问题描述

1）同一房间内设置有多个雨淋阀组，未粘贴与其所服务的主变压器一一对应的标识【图示一】，导致无法核准与主变压器的对应性；

2）雨淋阀组各控制阀门未粘贴对应标识，现场阀位错误致使系统无法正常运行【图示二】；

3）已粘贴的标识未与主变压器对应，喷水试验时 1 台主变压器火灾探测器动作三侧开关位置分位，联动打开了另一台主变压器的雨淋阀组，致使水喷雾灭火系统喷射错误【图示三】。

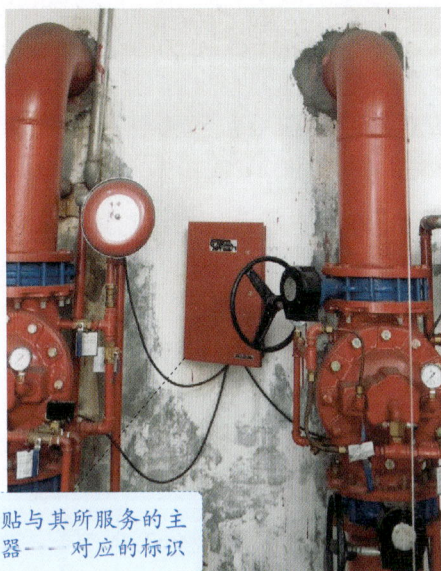

未粘贴与其所服务的主变压器－－－对应的标识

图示一

雨淋阀组各控制阀门未粘贴对应标识，现场阀位错误

图示二

已粘贴的标识未与主变压器对应

图示三

2. 原因分析

1）施工单位未按图纸施工，地下管道等隐蔽工程随意更改走向，出具的竣工图纸与站内实际情况不一致；施工人员责任心不强，为完成工程随意粘贴标志标识，未核准其准确性。

2）监理单位未及时发现问题，验收节点把控不住。

3）运维期间维保单位未结合停电进行喷水试验，维保质量不高。

规范要求及正确做法

1. 规范要求

1)《消防控制室通用技术要求》（GB 25506—2010）第 4.2.1 条 "应确保高位消防水箱、消防水池、气压水罐等消防储水设施水量充足，确保消防泵出水管阀门、自动喷水灭火系统管道上的阀门常开；确保消防水泵、防排烟风机、防火卷帘等消防用电设备的配电柜启动开关处于自动位置（通电状态）"。

2)《水喷雾灭火系统技术规范》（GB 50219—2014）第 9.0.14 条 "每个系统应进行模拟灭火功能试验，并应符合下列要求：1 压力信号反馈装置应能正常动作，并应能在动作后启动消防水泵及与其联动的相关设备，可正确发出反馈信号。2 系统的分区控制阀应能正常开启，并可正确发出反馈信号。4 消防水泵及其他消防联动控制设备应能正常启动，并应有反馈信号显示"。

2. 正确做法

图示四

预防措施及整改建议

（1）图纸是规范精华的汇总，建设单位、监理单位、施工单位在施工前应及时了解全面读懂设计图纸，不可盲目施工；

（2）竣工图纸一定要如实反映现场的实际情况；

（3）施工或技改完成后应及时进行主变压器逻辑关系校验及喷水试验。

类　别	主变压器水喷雾灭火系统
问　题	主变压器水喷雾灭火系统管道连接不满足要求

问题描述及原因分析

1. 问题描述

1）连接水雾喷头的支管不应直接焊接【图示一】；

2）雨淋阀后的管道不应直接焊接【图示二】。

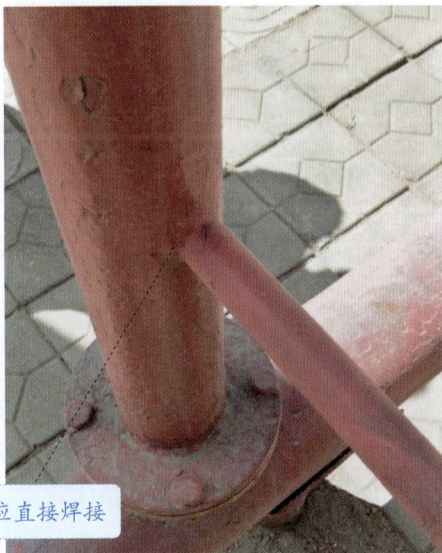
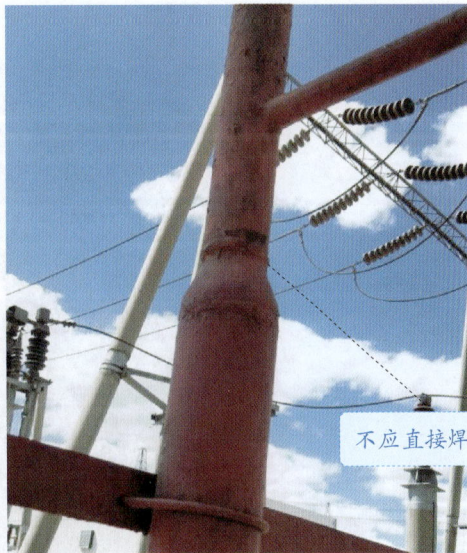

图示一　　　　　　　　　　　　图示二

2. 原因分析

1）施工单位未按规范或图纸要求施工；

2）建设单位或监理单位对相关规范不了解，验收工作把关不严。

规范要求及正确做法

1. 规范要求

《水喷雾灭火系统技术规范》（GB 50219—2014）第 4.0.6 条 "给水管道应符合下列规定：1 过滤器与雨淋报警阀之间及雨淋报警阀后的管道，应采用内外热浸镀锌钢管、不锈钢管或铜管；3 系统管道采用镀锌钢管时，公称直径不应小于 25mm；采用不锈钢管或铜管时，公称直径不应小于20mm；4 系统管道应采用沟槽式管接件（卡箍）、法兰或丝扣连接，普通钢管可采用焊接"。

2. 正确做法

图示三

图示四

预防措施及整改建议

（1）为了保证过滤器后的管道不再有影响雨淋报警阀、水雾喷头正常工作的锈渣生成，过滤器与雨淋报警阀之间及雨淋报警阀后的管道采用内外热浸镀锌钢管、不锈钢管或铜管。

（2）沟槽式管件连接施工时，管道的沟槽和开孔应用专用的滚槽机、开孔机进行加工，应按生产厂家提供的数据，检查沟槽和孔口尺寸是否符合要求，并清除加工部位的毛刺和异物，以免影响连接后的密封性能，或造成密封圈损伤等隐患。若加工部位出现破损性裂纹、应切掉重新加工沟槽，以确保管道连接质量。加工沟槽发现管内外镀锌层损伤，如开裂、掉皮等现象，这与管道材质、镀锌质量和滚槽速度有关，发现此类现象可采用冷喷锌罐进行喷锌处理。

（3）法兰连接时，如采用焊接法兰连接，焊接后要求必须重新镀锌或采用其他有效防锈蚀的措施，法兰连接采用螺纹法兰可不用二次镀锌。焊接后应重新镀锌再连接，因焊接时破坏了镀锌钢管的镀锌层，如不再镀锌或采取其他有效防腐措施进行处理，必然会造成加速焊接处的腐蚀进程，影响连接强度和寿命。

（4）螺纹法兰连接时要求预测对接位置，是因为螺纹紧固后，一旦改变其紧固状态，其密封处，密封性将受到影响，常因密封性能达不到要求而返工。

（5）消防水泵房至雨淋阀间过滤器前埋地管道可采用焊接形式。

类　别	主变压器水喷雾灭火系统
问　题	雨淋阀组设置场所防冻措施不满足要求

问题描述及原因分析

1. 问题描述

1）雨淋阀不应设置在室外地下阀门井内【图示一】，井壁无保温措施，无通风防潮措施，未定期进行晾晒，导致井内潮气无法排除设备锈蚀严重【图示二】；

不应设置在室外地下阀门井内

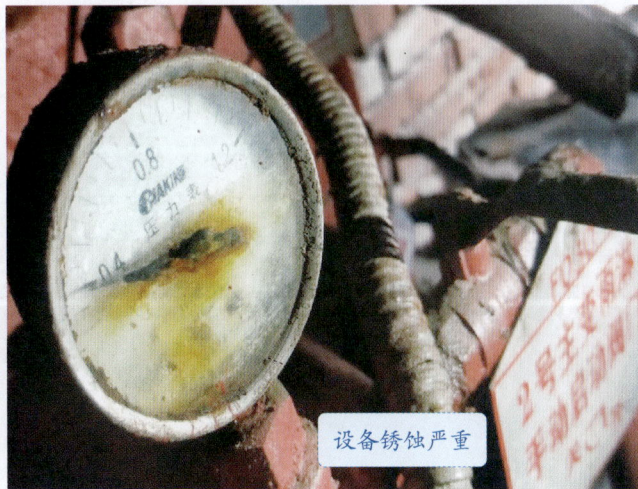

设备锈蚀严重

图示一　　　　　　　　　　　　图示二

2）雨淋阀设置位置环境温度不满足要求，致使整个雨淋阀组冻结开裂，系统瘫痪无法使用【图示三】。

图示三

2. 原因分析

1）设计人员专业水平不强，原始设计中未考虑雨淋阀所处环境问题；

2）图纸会审把关不严，未及时发现问题导致畸形工程的产生。

规范要求及正确做法

1. 规范要求

1）《水喷雾灭火系统技术规范》（GB 50219—2014）第 5.3.1 条 "雨淋报警阀组宜设置在温度不低于 4℃并有排水设施的室内。设置在室内的雨淋报警阀宜距地面1.2m，两侧与墙的距离不应小于 0.5m，正面与墙的距离不应小于 1.2m，雨淋报警阀凸出部位之间的距离不应小于 0.5m"。

2）《水喷雾灭火系统技术规范》（GB 50219—2014）第 5.3.3 条 "在严寒与寒冷地区室外设置的雨淋报警阀、电动控制阀、气动控制阀及其管道，应采取伴热保温措施"。

2. 正确做法

采暖保温

图示四

排水地沟

图示五

预防措施及整改建议

（1）加强对设计单位和设计者的资格审查，设计是工程建设的重要阶段，设计合理与否直接影响建设产品的最终质量；

（2）严把图纸会审关，出现设计院图纸漏项、违反规程、与现场情况不符、专业间相互影响、打架、设计粗略不详等情况时，及时要求设计单位重新设计。

类　别	主变压器水喷雾灭火系统
问　题	主变压器水喷雾灭火系统启动电磁阀及压力开关未接线

问题描述及原因分析

1. 问题描述

1）水喷雾系统启动电磁阀未接线，系统无法实现自动控制功能【图示一】；

2）水喷雾系统压力开关未接线，系统无法实现自动控制功能【图示二】。

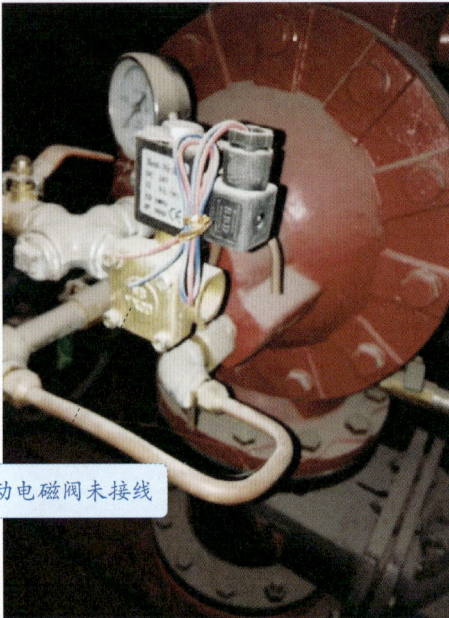

启动电磁阀未接线

图示一

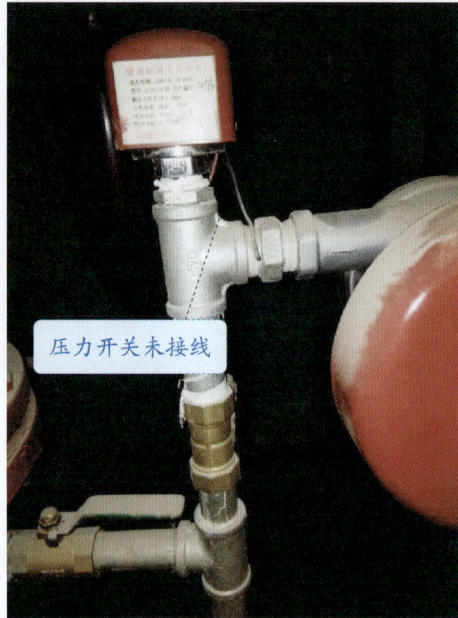

压力开关未接线

图示二

2. 原因分析

1）施工单位人员责任心不强，未按图纸或规程要求进行接线；

2）建设单位或监理单位对相关规范不了解，无法把控验收关键点。

规范要求及正确做法

1. 规范要求

1）《水喷雾灭火系统技术规范》（GB 50219—2014）第 8.3.10 条"压力开关应竖直安装在通往水力警铃的管道上，且不应在安装中拆装改动。压力开关的引出线应用防水套管锁定"。

2）《水喷雾灭火系统技术规范》（GB 50219—2014）第 8.4.11 条"采用模拟火灾信号启动系统，相应的分区雨淋报警阀（或电动控制阀、气动控制阀）、压力开关和消防水泵及其他联动设备均应能及时动作并发出相应的信号"。

2. 正确做法

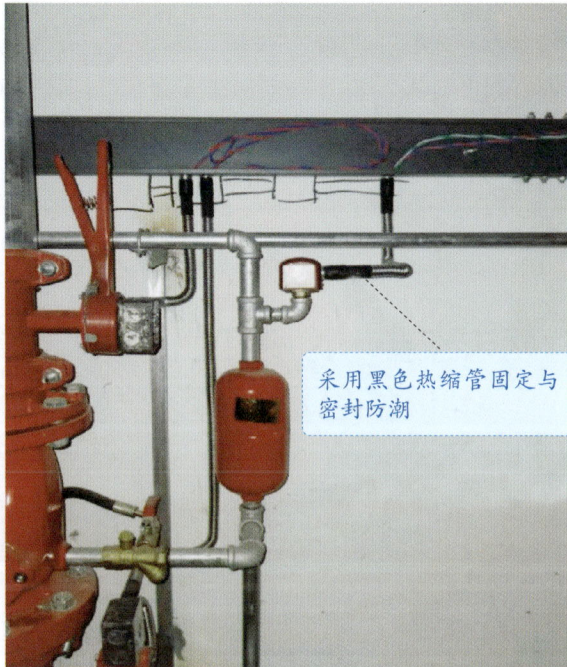

采用黑色热缩管固定与密封防潮

图示三

采用了不同颜色热缩管做到了分类醒目

图示四

预防措施及整改建议

（1）严把验收质量关，杜绝畸形工程的产生；

（2）按照规程要求接线，明敷线缆应增设保护套管，穿线应完整。

类 别	主变压器水喷雾灭火系统
问 题	管网未按要求涂刷红色丹漆或已涂刷的 红色丹漆掉漆严重

问题描述及原因分析

1. 问题描述

1）架空管道未按要求涂刷红色丹漆【图示一】；

2）已涂刷的红色丹漆掉漆严重【图示二】。

未涂刷红色丹漆

图示一

已涂刷的红色
丹漆掉漆严重

图示二

2. 原因分析

　　1）施工单位未按设计图纸或规程要求涂刷丹漆；

　　2）已涂刷的红色丹漆掉漆严重未及时进行补刷。

规范要求及正确做法

1. 规范要求

　　《消防给水及消火栓系统技术规范》（GB 50974—2014）第 12.3.24 条"架空管道外应刷红色油漆或涂红色环圈标志，并应注明管道名称和水流方向标识。红色环圈标志，宽度不应小于 20mm，间隔不宜大于 4m，在一个独立的单元内环圈不宜少于2处"。

2. 正确做法

图示三

图示四

预防措施及整改建议

　　（1）红色在视觉上非常醒目，能够迅速引起人们的注意，特别是在紧急情况下，如火灾发生时，红色的消防管道能够让人们迅速找到并使用消防设备；

　　（2）结合停电检修，及时对已脱落的丹漆进行补刷。

4

主变压器
泡沫喷雾
灭火系统

类 别	主变压器泡沫喷雾灭火系统
问 题	泡沫储罐未按要求设置标识牌、泡沫液标识等

问题描述及原因分析

1. 问题描述

1）泡沫储罐上未按要求粘贴泡沫液标识【图示一】；

2）泡沫储罐上未按要求粘贴压力容器标牌【图示一】；

3）泡沫储罐上压力容器标牌录入信息不完整【图示二】。

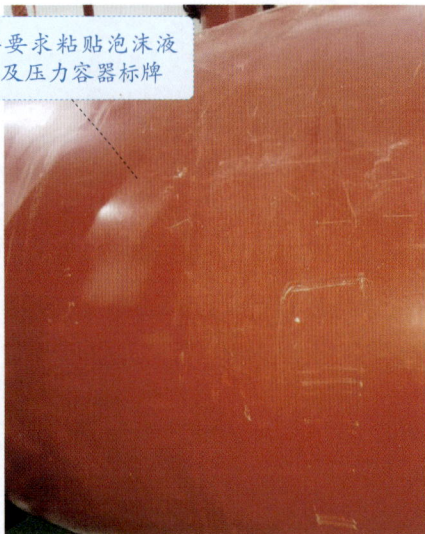

未按要求粘贴泡沫液标识及压力容器标牌

图示一

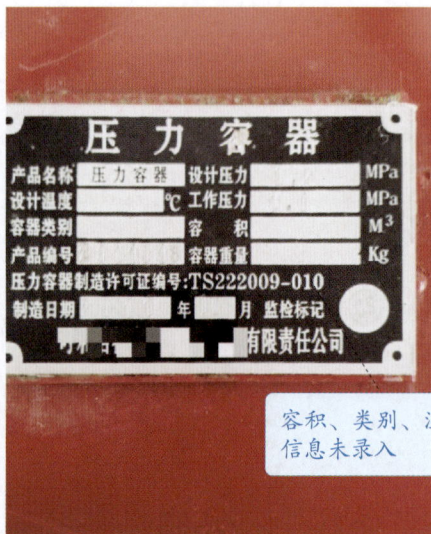

压力容器

产品名称	压力容器	设计压力		MPa
设计温度		℃ 工作压力		MPa
容器类别		容 积		M³
产品编号		容器重量		Kg

压力容器制造许可证编号：TS222009-010

制造日期　　　年　　月　监检标记

容积、类别、温度等信息未录入

图示二

2. 原因分析

1）设备厂家责任心不强，未按要求制作或粘贴压力容器标牌；

2）验收人员对相关规定不了解，无法把控节点；

3）更换泡沫液时未要求厂家提供相关检验报告，未按要求粘贴泡沫液标识。

规范要求及正确做法

1. 规范要求

1）《泡沫灭火系统技术标准》（GB 50151—2021）第 9.3.10 条"泡沫液储罐的

安装位置和高度应符合设计要求。储罐周围应留有满足检修需要的通道，其宽度不宜小于 0.7m，且操作面不宜小于 1.5m；当储罐上的控制阀距地面高度大于 1.8m 时，应在操作面处设置操作平台或操作凳。储罐上应设置铭牌，并应标识泡沫液种类、型号、出厂日期和灌装日期、有效期及储量等内容，不同种类、不同牌号的泡沫液不得混存"。

2）《压力容器　第 4 部分：制造、检验和验收》（GB 150.4—2011）第 13.2 条"容器铭牌应固定在明显的位置，铭牌至少应包括：制造单位名称、制造单位许可证号／级别、产品标准、主体材料、介质名称、设计温度、压力、设备代码、制造日期、压力容器类别、容积等"。

2. 正确做法

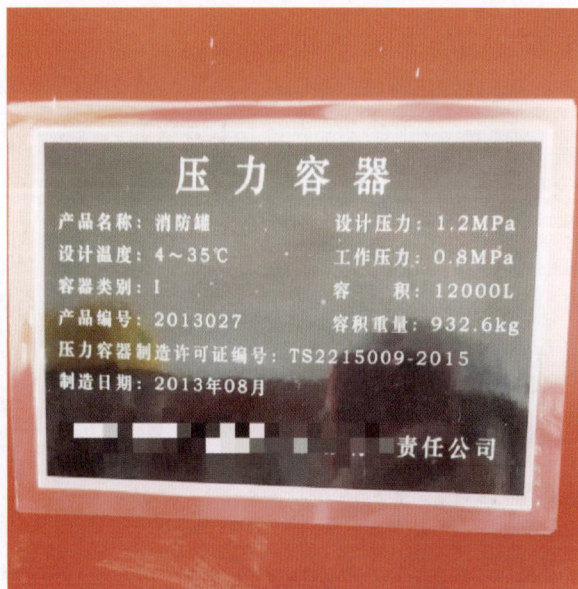

图示三　　　　　　　　　　　　　　　　图示四

预防措施及整改建议

（1）压力容器铭牌必须固定在容器上，易于识别和辨认；

（2）铭牌应该牢固地固定在容器上，不得松动或脱落；

（3）如果铭牌上的信息不完整、不准确或分类不清、有误、残缺、模糊或号码不清，则该铭牌不符合国家标准要求，必须更换为符合标准要求的新铭牌；

（4）泡沫储罐更换泡沫液时，应及时将新的泡沫液标识粘贴至储罐上。

类 别	主变压器泡沫喷雾灭火系统
问 题	泡沫系统未投入正常使用状态

问题描述及原因分析

1. 问题描述

1）分区电磁阀前未设置检修阀【图示一】；

2）泡沫系统控制阀未选用防腐材质，泡沫液腐蚀渗漏【图示二】；

3）手动控制阀缺少有效标识，非检修状态下阀体全部处于关闭状态，致使系统无法运行【图示三】；

4）泡沫控制屏非检修状态下，不应处于手动状态【图示四】；

5）整个泡沫系统管道上未设置控制总阀，检修作业时无法与主变压器进行有效的隔离切断，存在一定的安全隐患【图示五】。

分区电磁阀前未设置检修阀

图示一

选用的阀体不符合要求

图示二

分区阀前检修阀全部处于关闭状态

图示三

控制屏处于手动状态

图示四

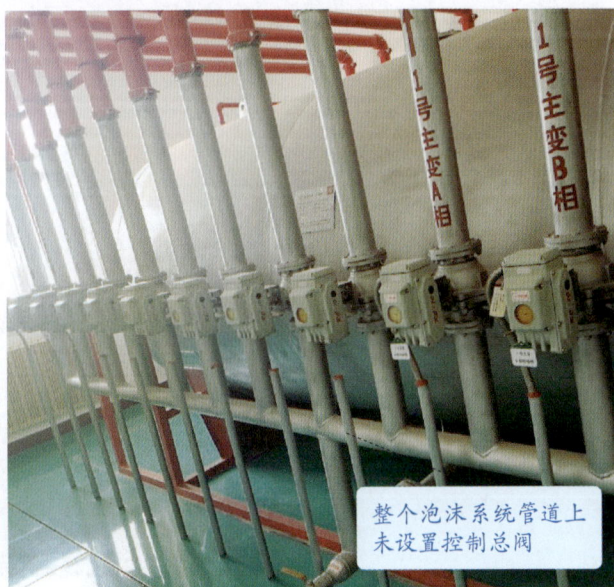

整个泡沫系统管道上未设置控制总阀

图示五

2. 原因分析

1）建设单位、施工单位或监理单位对相关规范不了解，无法准确把控安装要点；

2）施工单位责任心不强，随意取消配套设施；

3）施工人员技术水平有限，未按原始设计图纸施工；

4）泡沫系统主变压器逻辑关系未核准检验，无法确定系统的安全性，不能投入自动运行。

规范要求及正确做法

1. 规范要求

1)《泡沫喷雾灭火装置》（XF 834—2009）第 5.1.2 条"泡沫喷雾灭火装置构成及要求：5.1.2.1 装置应由储液罐、泡沫灭火剂、动力瓶组、驱动装置、减压装置、分区阀、单向阀、泡沫喷雾喷头、控制盘、管网等部件组成。5.1.2.2 装置各部件应固定牢固、连接可靠，部件安装位置正确，整体布局合理，便于操作、检查和维修。装置各部件间连接螺纹、法兰、沟槽等连接方式应符合 GB/T 9112、GB/T 17241.6 或 GB 5135.11 等标准的规定"。

2)《泡沫喷雾灭火装置》（XF 834—2009）第 5.6.1 条"控制阀（包括手动球阀、闸阀等）应采用铜合金或不锈钢等耐腐蚀材料"。

3)《消防控制室通用技术要求》（GB 25506—2010）第 4.2.1 条"消防控制室管理应符合下列要求：应确保火灾自动报警系统、灭火系统和其他联动控制设备处于正常工作状态，不得将应处于自动状态的设在手动状态"。

2. 正确做法

图示六

预防措施及整改建议

（1）严格按照设计图纸进行施工，不可随意删减设施；

（2）应设置手动控制阀，系统检测或维修时手动关闭控制阀，起到安保作用；

（3）结合主变压器停电进行泡沫系统逻辑关系校验，校验三侧开关位置对应性、分区控制阀准确性、逻辑关系等，对满足条件的主变压器泡沫系统，主控楼泡沫控制器打至自动状态，确保系统上所有控制阀门处于设计常备状态，保证系统的可靠运行。

类 别	主变压器泡沫喷雾灭火系统
问 题	泡沫泄水管线及泄水井的设置不满足要求

问题描述及原因分析

1. 问题描述

1）泡沫泄水井积水严重未及时排除或定期晾晒，致使井内管道及阀门锈蚀严重【图示一】。

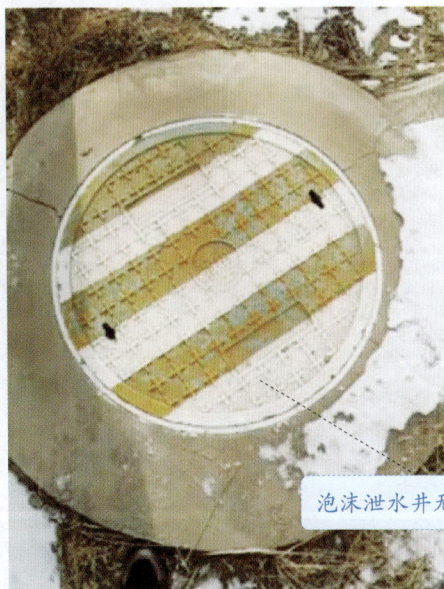

2）泡沫泄水井无明显标识【图示二】。

图示一

图示二

3）泄水井内阀门无常开常闭标识；泡沫系统试喷打压，管道泄水后未及时将泄水阀关闭，致使整个系统无法安全运行【图示三】。

4）泡沫泄水井位置不是整个系统的最低点，中间埋地管道存在上返 U 弯情况，致使试喷打压水无法自流泄出，冬季管道内积水冻结，导致整个泡沫系统瘫痪；泡沫泄水井不建议采用暗杆阀门，无法直观看出其启闭状态，致使系统安全性无法保证【图示四】。

管道泄水后未及时将泄水阀关闭

图示三

泡沫泄水井不建议采用暗杆阀门

图示四

2. 原因分析

1）维保不到位，未定期对泡沫泄水井进行晾晒或积水排除；

2）施工人员忽略泡沫泄水井功能的重要性，未及时进行有效标识；

3）运维人员对泡沫泄水井的巡查不到位，未意识到其对于整个系统安全的重要性；

4）试喷打压人员责任心不强，泄水后未及时将泄水阀关闭，一旦应急启动泡沫系统时，泡沫液从泄水井喷出，影响整个系统的灭火有效性；

5）施工人员对泡沫泄水管道的使用功能不了解，施工随意性较大，不按图纸进行坡降，致使系统积水无法排除，冬季管道冻结后系统无法使用。

规范要求及正确做法

1. 规范要求

《泡沫灭火系统技术标准》（GB 50151—2021）第 10.0.15 条"管网验收应符合下列规定：1 管道的材质与规格、管径、连接方式、安装位置及采取的防冻措施应符合设计要求；2 管网放空坡度及辅助排水设施，应符合设计要求"。

2. 正确做法

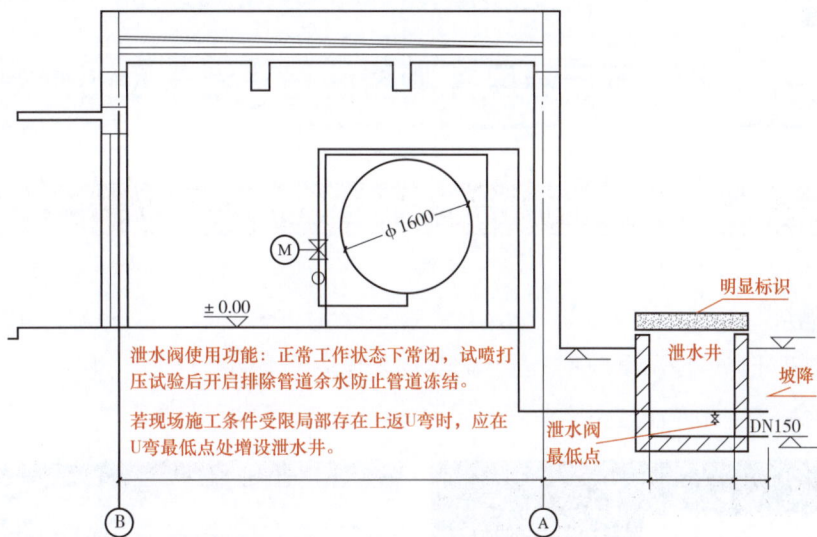

泄水阀使用功能：正常工作状态下常闭，试喷打压试验后开启排除管道余水防止管道冻结。

若现场施工条件受限局部存在上返U弯时，应在U弯最低点处增设泄水井。

图示五

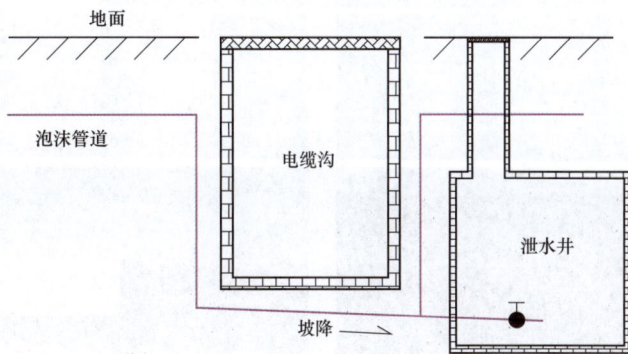

图示六

预防措施及整改建议

（1）要求维保单位定期对泡沫泄水井进行晾晒，系统试喷打压试验后应及时打开泄水阀进行泄水，泄空管道内积水后应关闭泄水阀；

（2）泄水井井盖增加明显的用途标识，井内泄水阀增加启闭标识，定期对泡沫泄水井巡检保证设施处于设计常备状态；

（3）当施工条件受限泡沫管道无法直线迫降至最低点处时，应在局部返弯处增设泄水井及泄水管道；

（4）泡沫泄水井内泄水阀建议采用球阀或明杆闸阀。

类　别	主变压器泡沫喷雾灭火系统
问　题	主变压器温度探测器信号异常未及时修复

问题描述及原因分析

1. 问题描述

1）主变压器点型温度探测器显示异常但未报故障【图示一】；

2）整站主变压器点型温度探测器显示异常被屏蔽【图示二】；

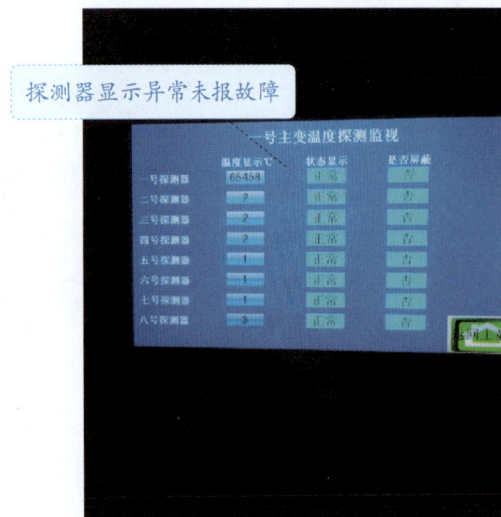

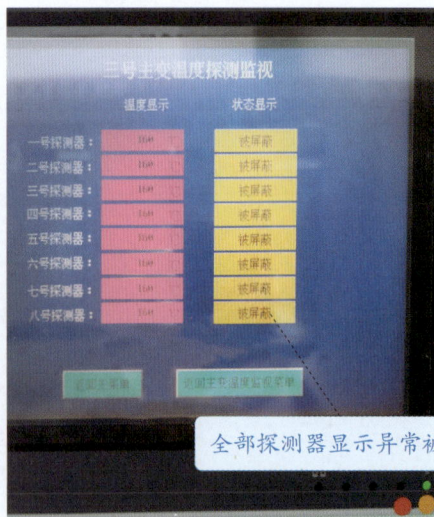

图示一　　　　　　　　　　　图示二

　　3）变电站分期建设，泡沫控制器主机内预留了二期工程相关设备的位置，全部显示正常（现场并未安装此部分设备）【图示三】。

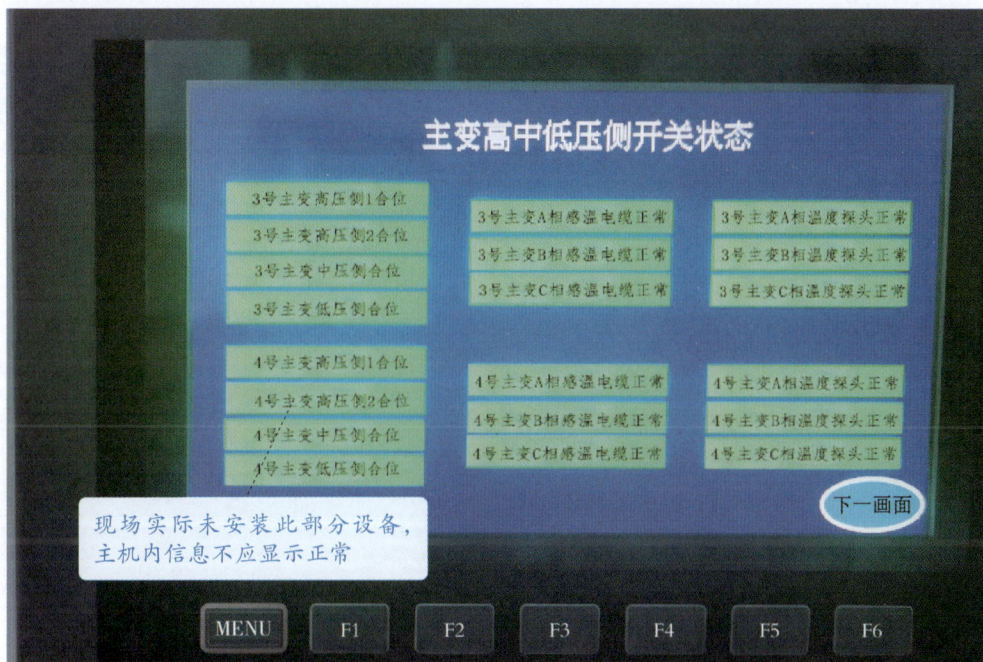

图示三

2. 原因分析

　　1）维保不到位，出现相关信号异常时未及时进行处理；

　　2）站内防火巡查时未查验泡沫控制器主机是否存在异常信号；

　　3）部分点型感温探测器发生故障需要主变压器停电时方可维修，条件受限不能及时修复。

规范要求及正确做法

1. 规范要求

　　1）《火力发电厂与变电站设计防火标准》（GB 50229—2019）第 11.5.4 条"单台容量为 125MV·A 及以上的油浸变压器、200Mvar 及以上的油浸电抗器应设置水喷雾灭火系统或其他固定式灭火装置。其他带油电气设备，宜配置干粉灭火器。地下变电站的油浸变压器、油浸电抗器，宜采用固定式灭火系统。在室外专用贮存场地贮存作为备用的油浸变压器、油浸电抗器，可不设置火灾自动报警系统和固定式灭火系统。"

2)《电力设备典型消防规程》（DL 5027—2015）第 13.7.4 条"地上变电站和换流站火灾自动报警系统和固定灭火系统应符合下表要求"。

变电站和换流站火灾自动报警系统与固定灭火系统

建筑物和设备	火灾探测器类型	固定灭火介质及系统型式
油浸式平波电抗器（单台容量 200Mvar 及以上）	缆式线性感温 + 缆式线性感温或缆式线性感温 + 火焰探测器组合	水喷雾、泡沫喷雾（缺水或严寒地区）或其他介质
油浸式变压器（单台容量 125MV·A 及以上）	缆式线性感温 + 缆式线性感温或缆式线性感温 + 火焰探测器组合（联动排油注氮宜与瓦斯报警、压力释压阀或跳闸动作组合）	水喷雾、泡沫喷雾、排油注氮（缺水或严寒地区）或其他介质
油浸式变压器（无人变电站单台容量 125MV·A 以下）	缆式线性感温或火焰探测器	—

地下变电站除满足上表规定外，还应在所有电缆层、电缆竖井和电缆隧道处设置线型感温、感烟或吸气式感烟探测器，在所有油浸式变压器和油浸式平波电抗器处设置火灾自动报警系统和细水雾、排油注氮、泡沫喷雾或固定式气体自动灭火装置。

注意：《泡沫灭火系统技术标准》（GB 50151—2021）第 6.4.1 条"泡沫喷雾系统用于保护独立变电站的油浸电力变压器时，其系统形式的选择应符合下列规定：1 当单组变压器的额定容量大于 600MV·A 时，宜采用由泡沫消防水泵通过比例混合装置输送泡沫混合液经离心雾化型水雾喷头喷洒泡沫的形式；2 当单组变压器的额定容量不大于 600MV·A 时，可采用由压缩氮气驱动储罐内的泡沫液经离心雾化型水雾喷头喷洒泡沫的形式。"对于泡沫喷雾系统的形式，原国家标准《泡沫灭火系统设计规范》（GB 50151—2010）就给出了本条规定的两种形式，但现实工程中大多数采用了压缩氮气驱动的系统形式。采用泡沫消防水泵、比例混合器的系统比采用压缩氮气驱动的系统既简单经济，又安全可靠，其避开了压力容器的安全和漏气问题，也避开了泡沫液的储存期长短问题，理应取代压缩氮气驱动的系统。所以新建变电站当选用主变压器泡沫喷雾灭火系统时建议尽可能采用水驱动系统形式。

2. 正确做法

图示四

预防措施及整改建议

（1）防火巡查时应巡查到位，对消防系统异常信号应及时记录，并联系维保单位及时进行维修；

（2）由于主变压器探测器维修需要结合生产停电进行，存在时差性，建议主变压器上设置备用探测器，将其信号线引入主变压器消防端子箱内闲置，当其中一路探测器出现故障后直接替换为备用探测器，保证消防设施的完好有效；

（3）施工或技改时，应要求设备厂家将后期预留点位从系统后台做屏蔽处理，显示屏不显示该预留点位相关信息。

类 别	主变压器泡沫喷雾灭火系统
问 题	泡沫小间内驱动气瓶及启动气瓶不满足要求

问题描述及原因分析

1. 问题描述

1）泡沫系统启动气瓶安装不牢固【图示一】；

2）正常工作状态下启动气瓶电磁阀保护销未移除【图示二】；

3）泡沫系统驱动气瓶压力不足【图示三】、压力表损坏【图示四】；

4）未按气瓶安全规程要求专瓶专用【图示五】。

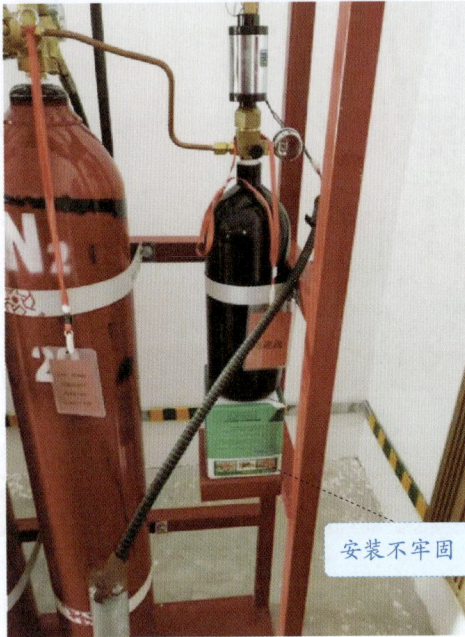

安装不牢固

图示一

保护销未移除

图示二

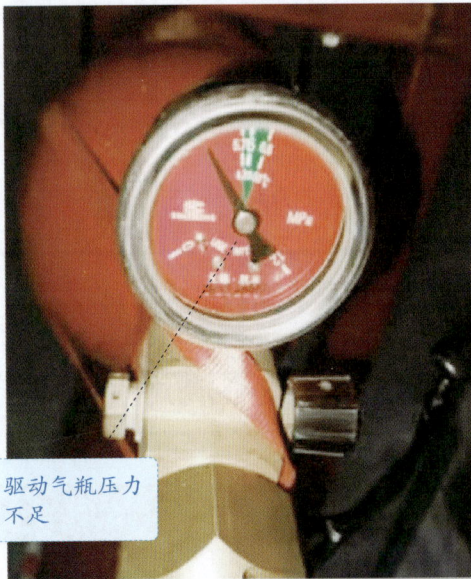

驱动气瓶压力不足

图示三

驱动气瓶压力表损坏

图示四

不应使用氧气瓶承装氮气

图示五

2. 原因分析

1）维保不到位，出现异常情况未及时进行处理；

2）运维人员泡沫系统培训不到位，各部件使用功能不了解；

3）施工人员不负责任，标高不匹配时采用纸盒垫高的方式糊弄安装；

4）对气瓶使用安全技术要求不了解。

规范要求及正确做法

1. 规范要求

1）《泡沫喷雾灭火装置》（XF 834—2009）第6.1条"外观检查：a）对照设计图样和相关技术文件资料，目测检查，样品的组成、工作温度范围、灭火剂充装种类、工作压力、外表面颜色和操作部件等；b）目测检查装置铭牌、固定方式和标识的内容；c）检查样品工艺一致性情况，目测有无加工缺陷、表面涂覆缺陷、机械损伤等现象"。

2）《气瓶搬运、装卸、储存和使用安全规定》（GB/T 34525—2017）第9.1条"气瓶的使用单位和操作人员在使用气瓶时应做到：b）使用单位应做到专瓶专用，不应擅自更改气体的钢印和颜色标记"。

2. 正确做法

图示六

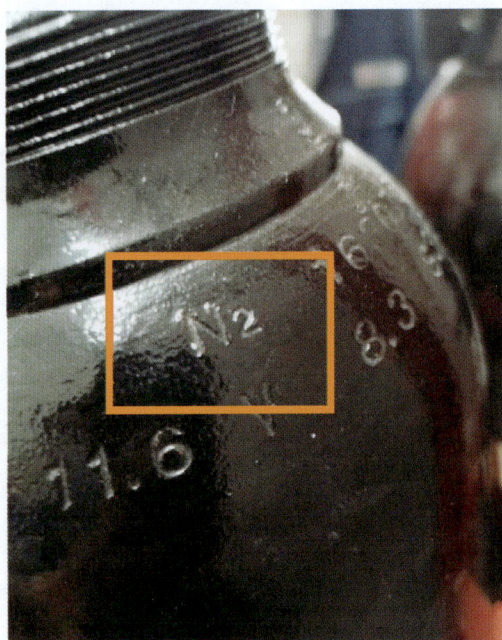

图示七

预防措施及整改建议

（1）严格按照设备装配图进行安装，启动气瓶压力约6MPa，驱动气瓶压力约15MPa，启动时轴向拉力较大，需要稳定安装；

（2）定期检查气瓶压力是否正常，及时维修；

（3）在非测试检修时，应将保护插销及时移除并留存，测试检修时应将保护插销插入起到安保作用；

（4）气瓶应专瓶专用，不可混用。

类　别	主变压器泡沫喷雾灭火系统
问　题	泡沫小间内线路敷设不满足要求

问题描述及原因分析

1. 问题描述

1）主变压器泡沫系统穿线保护不应使用PVC材质线槽【图示一】；

2）主变压器泡沫系统穿线保护不完整【图示二】。

不应使用 PVC 材质线槽

穿线保护不完整

图示一　　　　　　　　　图示二

2. 原因分析

1）建设单位、施工单位或监理单位对相关规范不了解，无法准确把控安装要点；

2）施工单位责任心不强，随意性较大；

3）施工人员技术水平不高，未按标准施工。

规范要求及正确做法

1. 规范要求

1）《火灾自动报警系统设计规范》（GB 50116—2013）第 11.2.3 条"线路暗敷设时，应采用金属管、可挠（金属）电气导管或 B1 级以上的刚性塑料管保护，并应敷设在不燃烧体的结构层内，且保护层厚度不宜小于 30mm；线路明敷设时，应采用金属管、可挠（金属）电气导管或金属封闭线槽保护。矿物绝缘类不燃性电缆可直接明敷"。

2）《火灾自动报警系统施工及验收标准》（GB 50166—2019）第 3.2.6 条"金属管路入盒外侧应套锁母，内侧应装护口，在吊顶内敷设时，盒的内外侧均应套锁母。塑料管入盒应采取相应固定措施"。第 3.2.14 条"从接线盒、槽盒等处引到探测器底座、控制设备、扬声器的线路，当采用可弯曲金属电气导管保护时，其长度不应大于 2m。可弯曲金属电气导管应入盒，盒外侧应套锁母，内侧应装护口"。

2. 正确做法

图示三

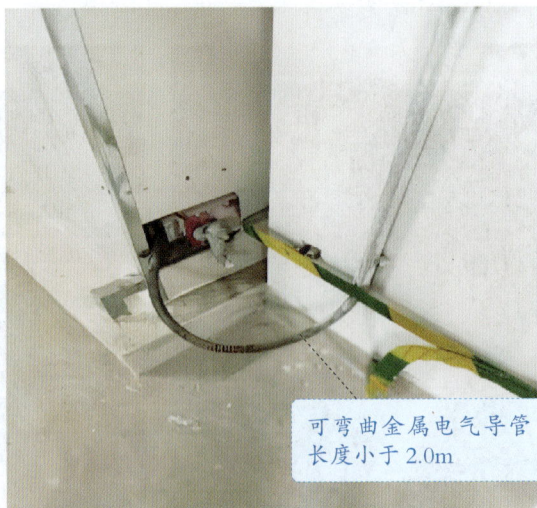

可弯曲金属电气导管
长度小于 2.0m

图示四

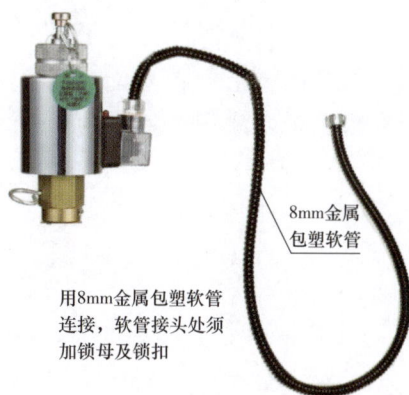

用8mm金属包塑软管
连接，软管接头处须
加锁母及锁扣

8mm金属
包塑软管

图示五

预防措施及整改建议

（1）穿线时应采用金属护管（槽盒）等，穿线保护应完整到位。

（2）在穿线前必须将管槽中的积水及杂物清除干净，因为有些暗敷线路若不清除杂物势必影响穿线，内有积水影响线路的绝缘。有些施工单位不重视清理工作，致使工程在穿线时发生堵管现象，造成返工，有些备用管在急用时也有此类情况发生。

（3）在多尘或潮湿的场所，为防止灰尘和水汽进入管内引起导电，影响工程质量，管子的连接处、出线口均应做密封处理。

5

防火封堵

类 别	防火封堵
问 题	电缆桥架的敷设不满足要求

问题描述及原因分析

1. 问题描述

1）电缆桥架穿墙未做防火封堵【图示一】；电缆桥架穿越楼板未做防火封堵【图示二】。

2）电缆桥架保护不到位，桥架内线缆凌乱，桥架盖板缺失【图示三】。

电缆桥架穿墙未做防火封堵

图示一

电缆桥架穿越楼板未做防火封堵

图示二

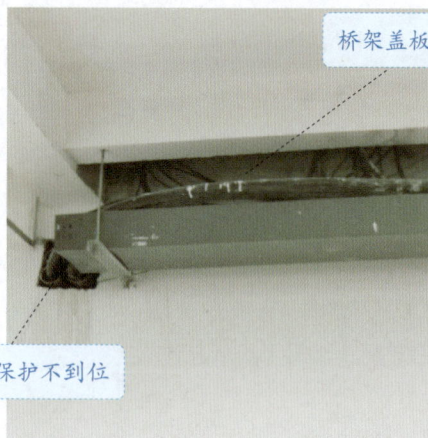

桥架盖板缺失

电缆桥架保护不到位

图示三

2. 原因分析

1）建设单位、施工单位或监理单位对相关规范不了解，无法准确把控安装要点；

2）施工单位未按设计图纸或规范图集要求进行施工，或桥架尺寸选型不当线缆过多盖板不能盖实，现场施工受影响时未及时与建设单位、监理单位、设计单位沟通进行相应的变更调整；

3）线缆在沿垂直桥架敷设时，水平、上、下拐弯处没有捆扎固定；

4）桥架内线缆凌乱，没有理顺放平，导致盖板盖不上；

5）施工单位责任心不强，未及时将桥架盖板安装到位。

规范要求及正确做法

1. 规范要求

《火力发电厂与变电站设计防火标准》（GB 50229—2019）第11.4.2条"电缆从室外进入室内的入口处、电缆竖井的出入口处，建（构）筑物中电缆引至电气柜、盘或控制屏、台的开孔部位，电缆贯穿隔墙、楼板的空洞应采用电缆防火封堵材料进行封堵，其防火封堵组件的耐火极限不应低于被贯穿物的耐火极限，且不低于1.00h"。

2. 正确做法

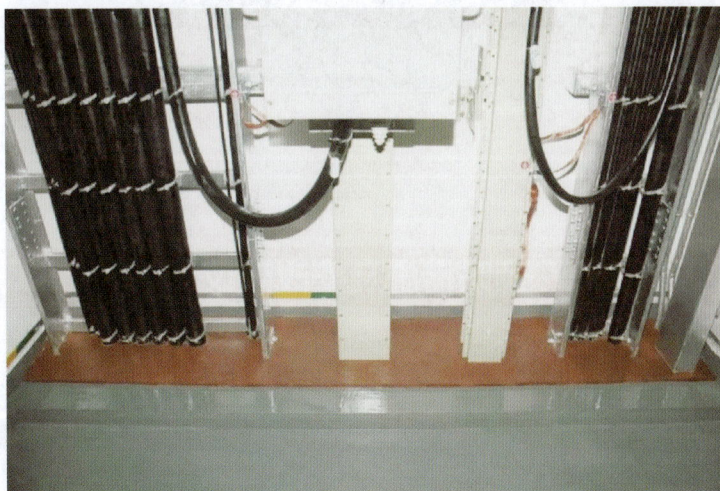

图示四

图示五

图示六

预防措施及整改建议

（1）桥架、母线贯穿楼板、墙体时，楼板处宜设置挡水台，楼板下部安装有一定强度的防火板作为支撑，内部孔口较大时可采用阻火包封堵、再用防火泥塞缝，内部孔口较小时可直接采用防火泥封堵。

（2）在布线放缆前进行施工图图纸会审，桥架内布线放缆截面利用率宜为30%~50%，线缆布放应顺直，尽量不交叉。

（3）线缆沿垂直桥架敷设时，在桥架转弯处（上端）、垂直桥架间隔1.5m处，固定在桥架的支架上；电缆敷设在水平桥架内，在首尾、转弯处与水平桥架固定。

（4）施工单位应严格按图施工，现场与图纸有出入或不明确时应及时向建设单位、设计单位咨询进行变更，不可擅作决定导致畸形工程的出现。

类　别	防火封堵
问　题	配电箱、模块箱等防火封堵不完整

问题描述及原因分析

1. 问题描述

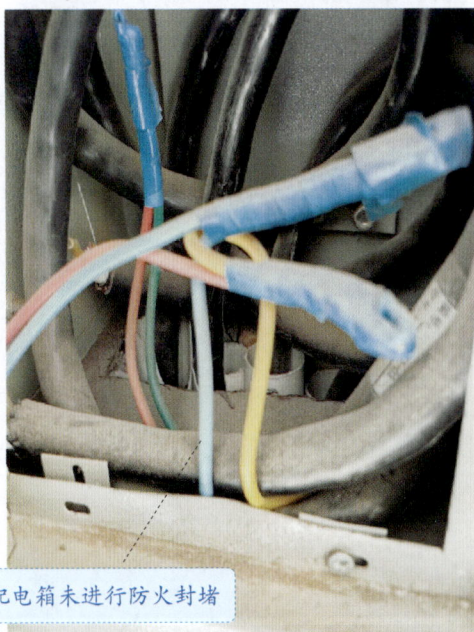

1）配电箱未进行防火封堵【图示一】；

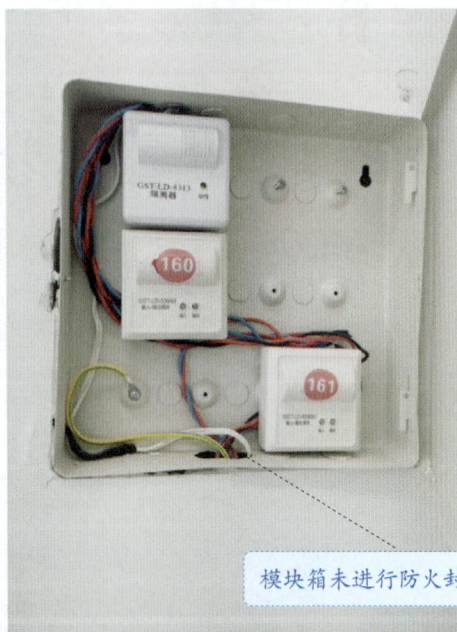

2）模块箱未进行防火封堵【图示二】。

配电箱未进行防火封堵

图示一

模块箱未进行防火封堵

图示二

2. 原因分析

1）建设单位、施工单位或监理单位对相关规范不了解，无法准确把控安装要点；

2）施工单位责任心不强。

规范要求及正确做法

1. 规范要求

1)《建筑电气工程施工质量验收规范》(GB 50303—2015)第 5.2.3 条"柜、台、箱的进出口应做防火封堵,并应封堵严密"。

2)《电力设备典型消防规程》(DL 5027—2015)第 10.5.3 条"凡穿越墙壁、楼板和电缆沟道而进入控制室、电缆夹层、控制柜及仪表盘、保护盘等处的电缆孔、洞、竖井和进入油区的电缆入口处必须用防火堵料严密封堵"。

2. 正确做法

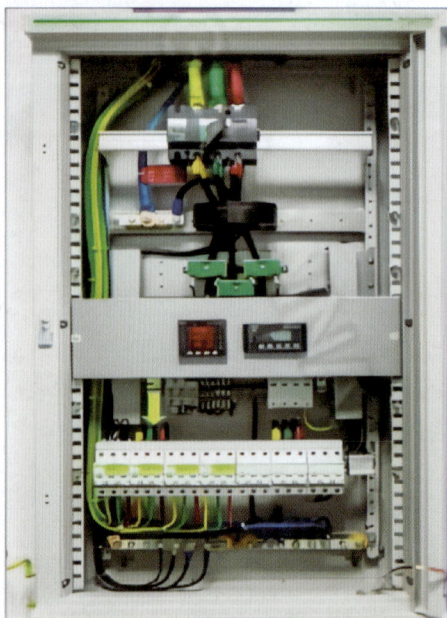

图示三

图示四

图示五

预防措施及整改建议

（1）配电箱线路敷设应整洁，电缆颜色严格按相位区分；各出线回路标识应清晰；线芯与箱内支架应绑扎固定；封堵应完整。

（2）模块间距布局应合理，模块排列有序，用途标识明确、编码点位号清晰，接线规范；封堵应完整。

（3）各箱体金属门框接地连接应可靠。

类 别	防火封堵
问 题	盘柜、端子箱防火封堵不满足要求

问题描述及原因分析

1. 问题描述

1）盘柜未进行防火封堵【图示一】；

2）端子箱防火封堵不满足要求【图示二】。

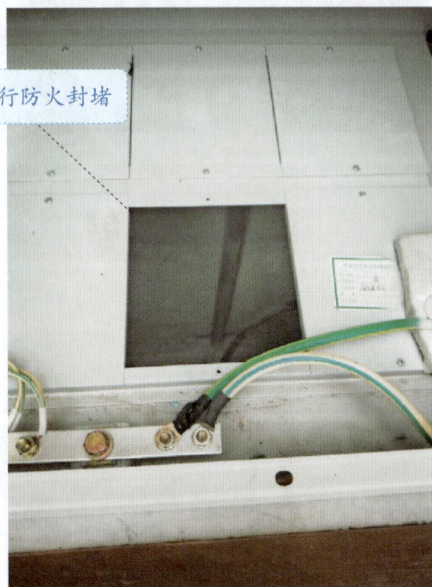

未进行防火封堵

图示一

下部未进行防火封堵

图示二

2. 原因分析

　　1）建设单位、施工单位或监理单位对相关规范不了解，无法准确把控安装要点；

　　2）施工单位未按设计图纸或标准工艺进行施工。

规范要求及正确做法

1. 规范要求

　　1）《电力设备典型消防规程》（DL 5027—2015）第 10.5.3 条"凡穿越墙壁、楼板和电缆沟道而进入控制室、电缆夹层、控制柜等处的电缆孔、洞、竖井和进入油区的电缆入口处必须用防火堵料严密封堵"。

　　2）《国家电网公司输变电工程标准工艺（三）》工艺标准库（2016 年版）工艺编号：0102050503。

2. 正确做法

图示三

图示四

图示五

图示六

预防措施及整改建议

（1）按照盘柜底部尺寸切割防火板；

（2）在封堵盘柜底部时，封堵应严实可靠，不应有明显的裂缝和可见的孔隙，孔洞较大者应加防火板后再进行封堵；

（3）防火隔板不能封隔到的盘柜底部空隙处，以有机堵料严密封实，有机堵料面应高出防火板 10mm 以上，并呈几何图形，面层应平整；

（4）盘柜底部的专用接地铜盘离底部不小于 50mm，便于封堵；

（5）盘柜底部以厚度为 10mm 防火隔板封隔，隔板安装平整牢固，安装中造成的工艺缺口、缝隙使用有机堵料密实地嵌于孔隙中，并做线脚，线脚厚度不小于 10mm，宽度不小于 20mm，电缆周围的有机堵料的宽度不小于 40mm，呈几何图形，面层应平整。

类 别	防火封堵
问 题	室外电缆沟防火墙封堵不满足要求

问题描述及原因分析

1. 问题描述

1）室外电缆沟防火墙采用防火包进行封堵时，两侧未设置支撑保护设施，防火包受潮时膨胀变形散落【图示一】；

2）室外电缆沟防火墙处防火封堵不完整，上部空间未封堵完全【图示二】；

3）室外电缆沟防火墙采用 3M 封堵，未按工艺要求进行施工，现场暴力开孔穿线时未做防护措施，致使锋利面与电缆直接接触，存在割伤风险【图示三】；

4）室外电缆沟增设电缆时，未按要求设置电缆支架，现场布线混乱【图示四】。

防火包受潮时膨胀变形散落

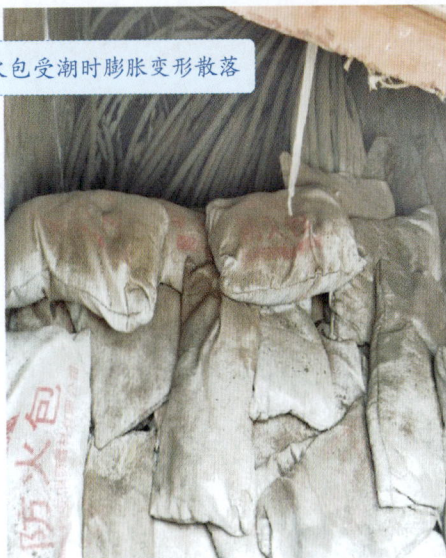

图示一

上部空间未封堵

图示二

电缆存在割伤风险

图示三

未设置电缆支架

图示四

2. 原因分析

1）建设单位、施工单位或监理单位对相关规范不了解，无法准确把控安装要点；

2）施工单位未按设计图纸或规范图集要求进行施工，或现场设施受影响时未及时与建设单位、监理单位、设计单位沟通进行相应的变更调整；

3）新穿线缆需穿越现有 3M 防火墙时，未按要求进行局部防护处理；

4）二次扩建时设计单位未进行现场实地勘察，导致缆沟敷设线缆过多无法按要求进行施工。

规范要求及正确做法

1. 规范要求

1)《电力设备典型消防规程》（DL 5027—2015）第 10.5.3 条"凡穿越墙壁、楼板和电缆沟道而进入控制室、电缆夹层、控制柜等处的电缆孔、洞、竖井和进入油区的电缆入口处必须用防火堵料严密封堵"。

2)《电力设备典型消防规程》（DL 5027—2015）第 10.5.4 条"在已完成电缆防火措施的电缆孔洞处新敷设或拆除电缆，必须及时重新做好相应的防火封堵措施"。

2. 正确做法

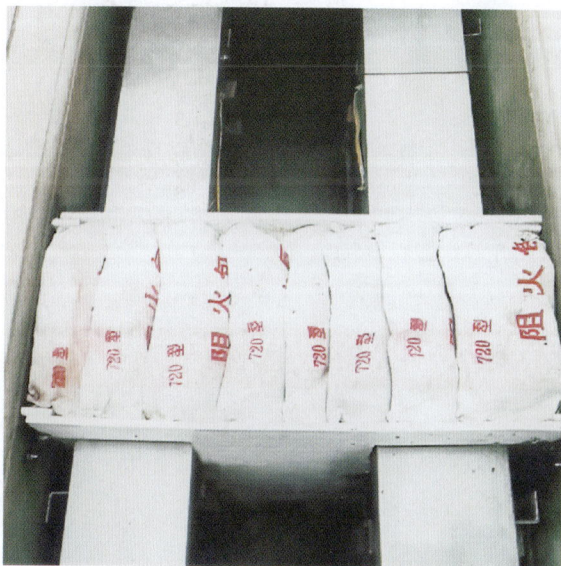
图示五

图示六

图示七

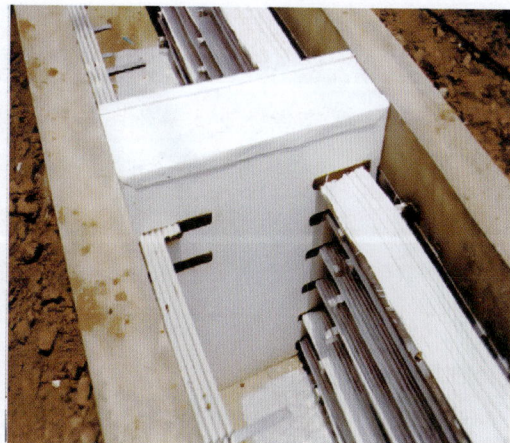
图示八

防火泥

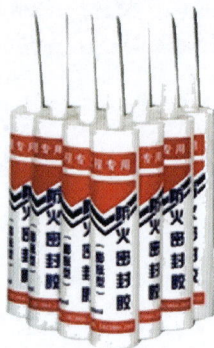

防火密封胶

无机防火堵料

阻火包

防火隔板

防火模块

图示九

预防措施及整改建议

（1）《电力工程电缆防火封堵施工工艺导则》（DL/T 5707—2014），电缆沟封堵施工可采用五种方法：①无机堵料封堵；②耐火隔板和阻火包封堵；③阻火模块封堵；④防火复合板封堵；⑤密封模块封堵等。

（2）采用无机堵料浇筑阻火墙。

1）电缆沟道采用无机堵料浇筑阻火墙封堵流程：

清理封堵部位→电缆间隙中填充柔性有机堵料或防火密封胶→电缆束外围包绕柔性有机堵料→固定承托支架→预留备用电缆通道和排水孔→阻火墙支模→填注无机堵料→拆模→密封整形→涂刷电缆防火涂料→清理现场。

2）电缆沟道采用无机堵料封堵应满足：

①将待封堵处的建筑垃圾、施工遗留物及电缆表面清理干净。②将电缆束打开，采用柔性有机堵料或防火密封胶填充电缆间的缝隙，并及时整理电缆束。③用柔性有机堵料包绕电缆外围，其包绕厚度不小于20mm。④在封堵部位用预埋件和膨胀螺栓安装承托支架。阻火墙厚度应符合设计要求，设计无要求时应不小于240mm。⑤在每层电缆桥（支）架电缆上部，用柔性有机堵料预置备用电缆通道。⑥按设计预留排

水孔，无设计时在两个底角预留排水孔。⑦按现场实际切割模板，切割时在两侧模板上预留备用电缆通道和排水孔。⑧在承托无机堵料的支架两侧支模，采用柔性有机堵料严密封堵备用电缆通道。⑨将混合好的无机堵料填注模板内，填注密实。⑩待无机堵料凝固后拆除模板，做好成品保护，对不易拆卸的模板可用耐火隔板做模板。⑪拆模后，整形封堵部位，并将阻火墙与电缆沟盖板间避障严密封堵。增敷电缆完毕，应及时恢复防火封堵。⑫在封堵部位两侧电缆表面均匀涂刷电缆防火涂料，厚度不小于1mm，长度不小于1500mm。⑬将施工作业区的施工遗留物、垃圾、杂物清理干净。

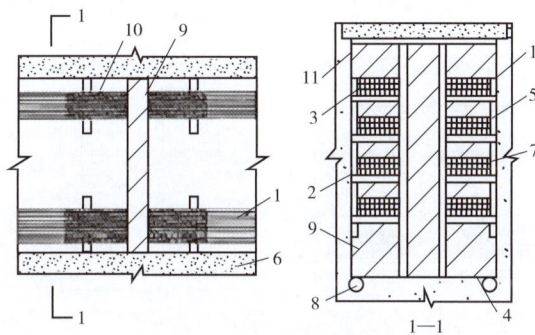

电缆沟道内采用无机堵料封堵示意图
1—电缆；2—柔性有机堵料或防火密封胶；3—柔性有机堵料；
4—膨胀螺栓；5—电缆桥（支）架；6—电缆沟道壁；7—备用电缆通道；
8—排水孔；9—无机堵料；10—防火涂料；11—承托支架
图示十

（3）采用耐火隔板和阻火包封堵。

1）电缆隧（沟）道采用耐火隔板和阻火包封堵流程：

清理封堵部位→电缆间隙中填充柔性有机堵料或防火密封胶→电缆束外围包绕柔性有机堵料→安装固定阻火墙防火门→砌筑耐火模块基础→堆砌阻火包→制作耐火隔板支架→安装耐火隔板→缝隙处填充柔性有机堵料或防火密封胶→密封整形→涂刷电缆防火涂料→清理现场。

2）电缆隧（沟）道采用耐火隔板和阻火包封堵应满足：

①将待封堵处的建筑垃圾、施工遗留物及电缆表面清理干净。②将电缆束打开，采用柔性有机堵料或防火密封胶填充电缆间的缝隙，并及时整理电缆束。③用柔性有机堵料包绕电缆束外围，其包绕厚度不小于20mm。④采用耐火模块砌筑阻火墙基础，阻火墙厚度应符合设计要求，设计未要求时，应不小于240mm。砌筑时在阻火墙底部预留排水孔。⑤在阻火墙基础上交叉错缝堆砌阻火包。堆砌时，在每层电缆桥（支）架内电缆上部用柔性有机堵料预置备用电缆通道；堆砌结束后，在阻火包与电缆、电缆桥架、电缆隧（沟）道壁及顶部间、防火门的缝隙处采用柔性有机堵料严

密封堵。⑥按现场实际加工、制作、安装阻火墙两侧耐火隔板支架，并用膨胀螺栓将组装好的支架安装固定在电缆隧（沟）道壁上。⑦按现场实际切割耐火隔板，切割时在两侧耐火隔板上对应预留备用电缆通道，将切割好的耐火隔板拼装到耐火隔板支架上。⑧在耐火隔板拼缝间、耐火隔板与隧（沟）道壁及顶部间、电缆以及防火门的缝隙用柔性有机堵料或防火密封胶密封，备用电缆通道位置采用柔性有机堵料严密封堵。⑨对封堵部位进行整形，表面无缝隙，外观平整。增敷电缆完毕，应及时恢复防火封堵。⑩在封堵部位两侧电缆表面均匀涂刷电缆防火涂料，厚度不小于 1mm，长度不小于 1500mm。⑪将施工作业区的施工遗留物、垃圾、杂物清理干净。

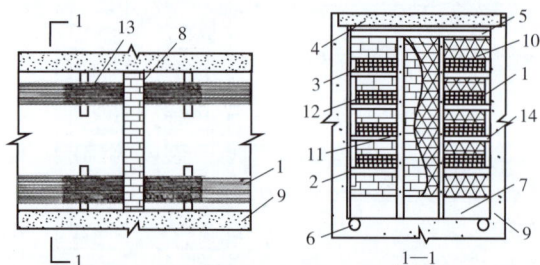

电缆沟道内采用耐火隔板和阻火包封堵示意图
1—电缆；2—柔性有机堵料或防火密封胶；3—柔性有机堵料；
4—膨胀螺栓；5—承托支架；6—排水孔；7—耐火模块基础；
8—阻火包；9—电缆沟壁；10—耐火隔板；11—螺栓；
12—备用电缆通道；13—防火涂料；14—电缆桥（支）架
图示十一

（4）采用阻火模块封堵。

1）电缆隧（沟）道采用阻火模块封堵流程：

清理封堵部位→电缆间隙中填充柔性有机堵料或防火密封胶→电缆束外围包绕柔性有机堵料→安装固定阻火墙防火门→堆砌阻火模块→缝隙处填充柔性有机堵料→密封整形→涂刷电缆防火涂料→清理现场。

2）电缆隧（沟）道采用阻火模块封堵应满足：

①将待封堵处的建筑垃圾、施工遗留物及电缆表面清理干净。②将电缆束打开，采用柔性有机堵料或电缆防火密封胶填充电缆间的缝隙，并及时整理电缆束。③用柔性有机堵料包绕电缆束外围，其包绕厚度不小于 20mm。④在封堵处交叉错缝砌筑阻火模块，阻火墙厚度应符合设计，无设计时应不小于 240mm。砌筑时在阻火墙底部预留排水孔，同时在每层电缆桥架内电缆上部备用电缆通道。⑤自粘型阻火模块直接砌筑，与沟壁及顶部的缝隙填充柔性有机堵料或防火密封胶密封；非自粘型阻火模块砌筑，采用混合好的无机堵料进行勾缝、抹平。⑥在阻火模块与电缆桥（支）架、电缆、防火门、电缆隧（沟）道壁及顶部的缝隙以及备用电缆通道用柔性有机堵料严密封堵

并整形。增敷电缆完毕，应及时恢复防火封堵。⑦在电缆封堵墙体两侧的电缆表面涂刷电缆防火涂料，厚度不小于 1mm，长度不小于 1500mm。⑧将施工作业区的施工遗留物、垃圾、杂物清理干净。

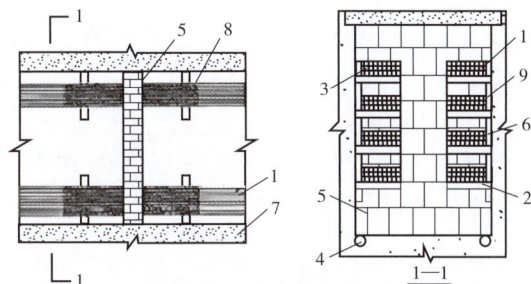

电缆沟道内采用阻火模块封堵示意图
1—电缆；2—柔性有机堵料或防火密封胶；3—柔性有机堵料；
4—排水孔；5—阻火模块；6—备用电缆通道；7—电缆沟道；
8—防火涂料；9—电缆桥（支）架
图示十二

（5）采用防火复合板封堵。

1）电缆隧（沟）道采用防火复合板封堵流程：

清理封堵部位→电缆间隙中填充柔性有机堵料或防火密封胶→电缆束外围包绕柔性有机堵料→安装固定阻火墙防火门→制作安装防火复合板固定支架→切割防火复合板→安装防火复合板→缝隙处填充柔性有机堵料或防火密封胶→涂刷电缆防火涂料→清理现场。

2）电缆隧（沟）道采用防火复合板封堵应满足：

①将待封堵处的建筑垃圾、施工遗留物及电缆表面清理干净。②将电缆束打开，采用柔性有机堵料或电缆防火密封胶填充电缆间的缝隙，并及时整理电缆束。③用柔性有机堵料包绕电缆束外围，其包绕厚度不小于 20mm。④按现场实际尺寸，制作安装防火复合板固定支架。⑤按实际形状切割防火复合板和耐火隔板，每层预留备用电缆通道，备用电缆通道在墙两侧的防火复合板和耐火隔板上位置应对应一致。⑥拼装、固定防火复合板、耐火隔板时，按现场实际确定固定孔位置，钻孔后将防火复合板和耐火隔板分别固定在电缆隧（沟）道的墙体两侧，固定孔间距不大于 240mm。⑦用柔性有机堵料将备用电缆通道封堵严密，用柔性有机堵料或防火密封胶填充电缆间、电缆与桥架间、电缆与防火复合板间等的缝隙。增敷电缆完毕，应及时恢复防火封堵。⑧封堵部位应无缝隙、外观平整。⑨在电缆封堵部位的两侧电缆表面均匀涂刷电缆防火涂料，厚度不小于 1mm，长度不小于 1500mm。⑩将施工作业区的施工遗留物、垃圾、杂物清理干净。

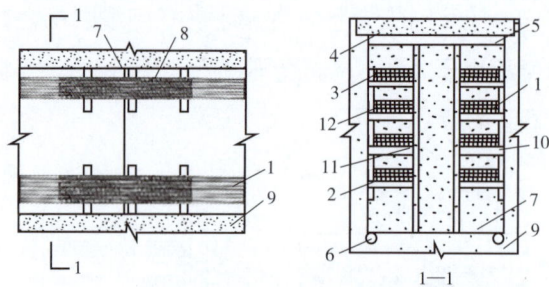

电缆沟道内采用防火复合板封堵示意图
1—电缆；2—柔性有机堵料或防火密封胶；3—柔性有机堵料；
4—膨胀螺栓；5—承托支架；6—排水孔；7—防火复合板；
8—防火涂料；9—电缆沟壁；10—电缆桥（支）架；
11—螺栓；12—备用电缆通道
图示十三

（6）采用密封模块封堵。

1）电缆沟道采用密封模块封堵流程进行：

清理封堵部位→选择密封模块框架和模块→固定密封模块框架→密封模块框架接地→穿入电缆→安装密封模块→安装隔层板→安装楔形紧固套件→清理现场。

2）电缆沟道采用密封模块封堵应满足：

①采用桥架时，需在距封堵处 500mm 位置断开桥架。②清理电缆沟需封堵处的建筑垃圾及施工遗留物。③根据电缆规格、数量及预留量，选择框架及模块。④安装框架预埋金属件，框架与沟壁、沟底间隙不小于 20mm。⑤将框架固定牢靠，可靠接地，框架与沟壁、沟底的间隙用混凝土密封。⑥清洁框架内表面，穿入电缆。⑦安装模块及密封圈，使模块与电缆间隙不大于 1mm；有电磁屏蔽要求时，应将电缆被压紧部位剥至屏蔽层，使模块导电箔压紧电缆屏蔽层。⑧逐层排放模块，层间放一块隔层板，填放最后一排模块前加入两块隔层板。⑨压紧模块，拧紧螺栓。⑩增敷电缆前，

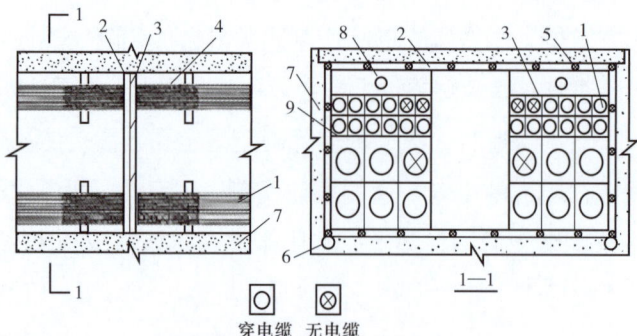

穿电缆   无电缆
电缆桥架采用密封模块封堵示意图
1—电缆；2—密封模块框架；3—多径密封模块；4—防火涂料；
5—螺栓；6—排水孔；7—电缆沟壁；8—楔形紧固套件；9—隔层板
图示十四

取出压紧件，将增敷电缆穿入，恢复压紧件。⑪在密封模块两侧电缆表面均匀涂刷电缆防火涂料，厚度不小于 1mm，长度不小于 1500mm。⑫将作业区的施工遗留物、垃圾、杂物清理干净。

类　别	**防火封堵**
问　题	**室外电缆沟防火墙两侧线缆防火涂料的涂刷不满足要求**

问题描述及原因分析

1. 问题描述

1）室外电缆沟防火墙两侧线缆未涂刷防火涂料【图示一】；

2）室外电缆沟防火墙两侧线缆防火涂料涂刷长度不够、涂料涂刷不均匀、新穿线缆未涂刷防火涂料【图示二】。

图示一

图示二

2. 原因分析

1）现场调配防火涂料时，基料配比不对；

2）防火涂料在使用之前搅拌不均匀就会导致涂料的黏度过低，之后在涂刷的时候就会导致涂层过薄，从而就会导致露底现象出现；

3）防火涂料在使用前放置时间过久，导致有沉淀现象；

4）施工人员责任心不强，未按材料性能工艺施工。

规范要求及正确做法

1. 规范要求

1)《电力工程电缆防火封堵施工工艺导则》（DL/T 5707—2014）第6.5.3条"10 在封堵部位两侧电缆表面均匀涂刷电缆防火涂料，厚度不小于1mm，长度不小于1500mm"。

2）图集《电缆防火阻燃设计与施工》（06D105）第2.3.3条"电缆防火涂料干涂层厚度应为1±0.1mm。涂刷的长度不应小于1000mm。其他技术指标符合国家相关规定"。

2. 正确做法

图示三

预防措施及整改建议

（1）防火涂料的施工，应符合下列规定：①电缆表面应清洁、干燥；②防火涂料使用前应搅拌均匀；③防火涂料应涂刷均匀，涂刷次数、间隔时间、厚度及长度应符合产品技术文件或设计要求；④密集或成束电缆宜分开涂刷。

（2）建议涂刷长度不小于1500mm，干涂层厚度不小于1mm，均匀涂刷。

（3）防火涂料的性能应符合现行国家标准《电缆防火涂料》（GB 28374）的有关规定。

类　别	防火封堵
问　题	室外电缆沟线缆未按要求设置耐火隔板

问题描述及原因分析

1. 问题描述

1）室外电缆沟线缆未按要求设置耐火隔板【图示一】。

2）原始设计图纸已设计耐火隔板，现场未安装【图示二】。

室外电缆沟线缆未按要求设置耐火隔板

图示一

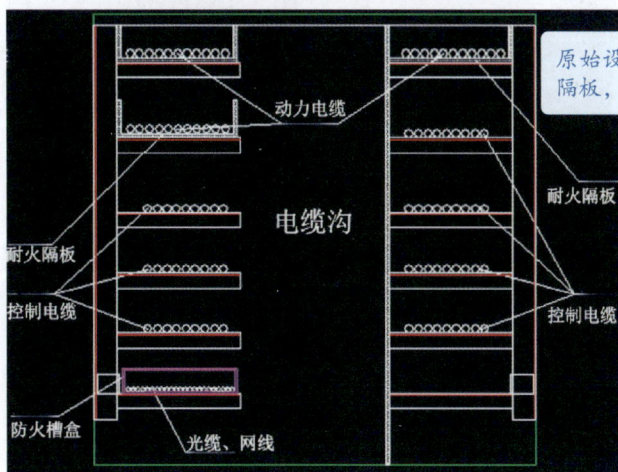

动力电缆

耐火隔板

电缆沟

耐火隔板

控制电缆

控制电缆

防火槽盒

光缆、网线

原始设计图纸已设计耐火隔板，现场未安装

图示二

2. 原因分析

1）建设单位或监理单位对相关规范不了解，图纸信息读取不全；

2）施工单位未按设计图纸或规范图集要求进行施工，或现场设施受影响时未及时与建设单位、监理单位、设计单位沟通进行相应的变更调整。

规范要求及正确做法

1. 规范要求

《电力设备典型消防规程》（DL 5027—2015）第 10.5.12 条"施工中动力电缆与控制电缆不应混放、分布不均及堆积乱放。在动力电缆与控制电缆之间，应设置层间耐火隔板"。

2. 正确做法

图示三

图示四

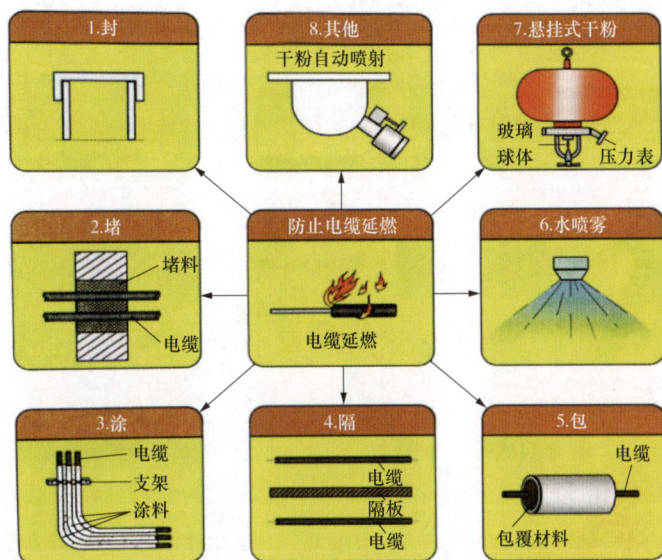

图示五

预防措施及整改建议

图纸是规范精华的汇总，建设单位、监理单位、施工单位在施工前应及时了解全面读懂设计图纸，不可盲目施工。

变电站消防
标准化图集

PART **6**

第六部分

防火门

类 别	防火门
问 题	双扇防火门未按要求安装顺序器

问题描述及原因分析

1. 问题描述

1）双扇防火门未按要求安装顺序器【图示一】；

2）站内双扇防火门已安装顺序器，但其破损未及时修复【图示二】。

防火门未按要求安装顺序器

图示一

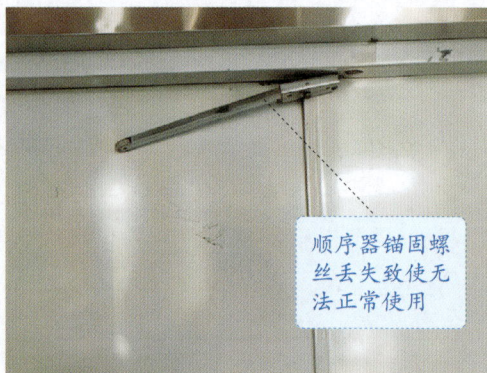

顺序器锚固螺丝丢失致使无法正常使用

图示二

2. 原因分析

1）工程验收人员对防火门相关规范不熟悉，对其所要求的必要配件不了解；

2）运维人员疏忽大意，未及时对缺失的螺丝进行补修；

3）施工单位作业人员责任心不强，未将防火门出厂所带配件及时进行安装；

4）施工人员不了解顺序器安装原理，将闭门顺序反置，导致双扇防火门关闭顺序错误，无法完全闭合。

规范要求及正确做法

1. 规范要求

　　《防火卷帘、防火门、防火窗施工及验收规范》（GB 50877—2014）第 5.3.2 条"常闭防火门应安装闭门器等，双扇和多扇防火门应安装顺序器"。

2. 正确做法

图示三

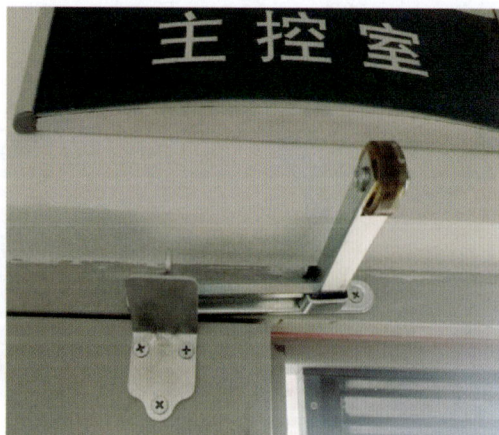

图示四

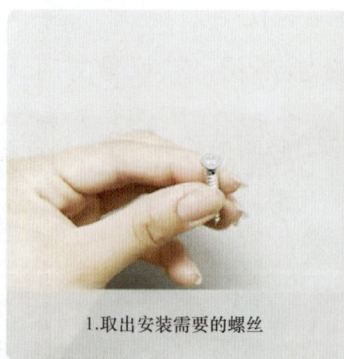

1.取出安装需要的螺丝

2.将顺位器放置门框上面用螺丝固定

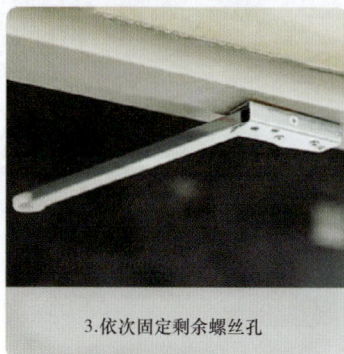

3.依次固定剩余螺丝孔

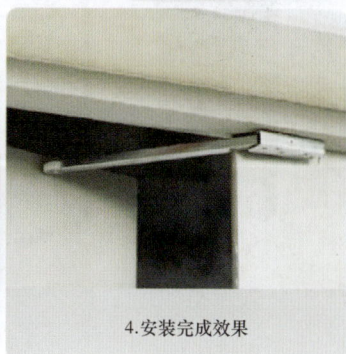

4.安装完成效果

图示五

预防措施及整改建议

（1）按实际使用状态将防火门顺序器装配到防火门上，同时推开各个门扇，然后同时释放门扇，目测防火门顺序器能否使防火门门扇按顺序要求关闭；

（2）防火顺序器的耐火时间应不小于其安装使用的防火门耐火时间；

（3）要求维保单位定期对防火门附件的使用功能进行测试，及时维修破损元件；

（4）新建或技改工程时应要求施工单位及时将防火门出厂配套的顺序器进行安装。

类 别	防火门
问 题	变电站内特殊场所防火门的设置不满足要求

问题描述及原因分析

1. 问题描述

1）蓄电池室的门未向疏散方向开启【图示一】；

2）主控室通向室外楼梯的门未按要求设置为防火门，未向疏散方向开启【图示二】。

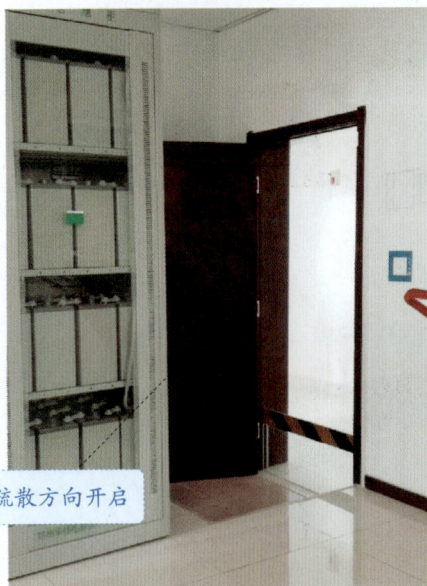

未向疏散方向开启

图示一

通向室外楼梯的门未按要求设置为防火门，未向疏散方向开启

图示二

2. 原因分析

1）工程验收人员对相关规范不熟悉，无法准确把握门的设置情况。

2）设计人员疏忽，图纸上门开启方向指示错误；未按规范要求设计室外楼梯，导致通向室外楼梯的门未设计成依法合规的防火门。

3）施工单位作业人员责任心不强，未严格按照图纸要求进行施工。

规范要求及正确做法

1. 规范要求

1）《火力发电厂与变电站设计防火标准》（GB 50229—2019）第 11.2.4 条"地上油浸变压器室的门应直通室外；地下油浸变压器室门应向公共走道方向开启，该门应采用甲级防火门；干式变压器室、电容器室门应向公共走道方向开启，该门应采用乙级防火门；蓄电池室、电缆夹层、继电器室、通信机房、配电装置室的门应向疏散方向开启，当门外为公共走道或其他房间时，该门应采用乙级防火门"。

2）《建筑设计防火规范》（GB 50016—2014）（2018 年版）第 6.4.5 条"室外疏散楼梯应符合下列规定：4 通向室外楼梯的门应采用乙级防火门，并应向外开启。5 除疏散门外，楼梯周围 2m 内的墙面上不应设置门、窗、洞口。疏散门不应正对梯段"。

2. 正确做法

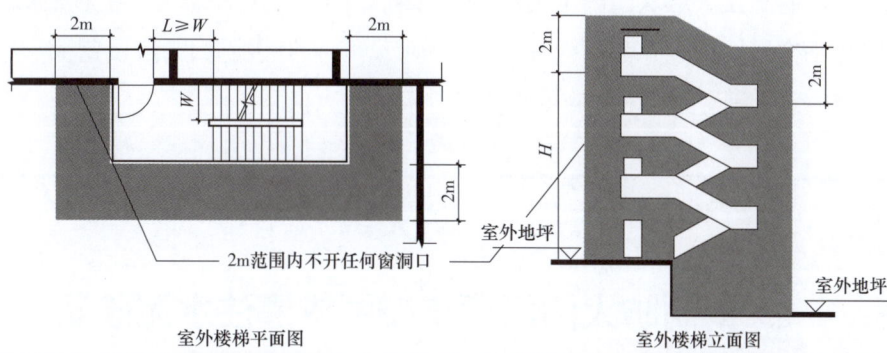

室外楼梯平面图 · 室外楼梯立面图

图示三

图示四

预防措施及整改建议

（1）验收时应注意防火门的开启方向，应向疏散方向开启。

（2）设计人员在布置室外楼梯平台时，要避免疏散门开启后，因门扇占用楼梯平台而减少其有效疏散宽度。也不应将疏散门正对梯段开设，以避免疏散时人员发生意外，影响疏散。同时，要避免建筑外墙在疏散楼梯的平台、梯段的附近开设外窗。

（3）注意室外楼梯设置时应防止因楼梯倾斜度过大、楼梯过窄或栏杆扶手过低导致不安全，同时防止火焰从门内窜出而将楼梯烧坏，影响人员疏散。避免在楼梯平台和梯段的正下方及周围 2m 范围内开设任何洞口，必须开设洞口时应设置窗扇不可开启的防火玻璃窗，其耐火极限不应低于所在外墙的耐火极限。

类 别	防火门
问 题	钢制防火门门框未按要求灌注水泥砂浆

问题描述及原因分析

1. 问题描述

1）钢制防火门门框未按要求灌注水泥砂浆【图示一】；

2）防火门门框填充物不满足规范要求【图示二】。

图示一

图示二

2. 原因分析

1）工程验收人员对防火门相关规范不熟悉；

2）施工单位作业人员责任心不强，灌注水泥砂浆施工作业期长，存在投机取巧心理。

规范要求及正确做法

1. 规范要求

《防火卷帘、防火门、防火窗施工及验收规范》（GB 50877—2014）第 5.3.8 条"钢质防火门门框内应充填水泥砂浆。门框与墙体应用预埋钢件或膨胀螺栓等连接牢固，其固定点间距不宜大于 600mm"。

2. 正确做法

图示三

图示四

预防措施及整改建议

（1）防火门和墙体的缝隙必须灌浆，否则火会从缝隙烧穿后窜到别的分隔区，并从门的背面对防火门进行烧灼，双面烧灼的防火门会很快被烧穿，造成防火门的作用失效；

（2）门框内填充水泥砂浆，在耐火时，对门框的整体刚度有很好的支撑作用；

（3）建议新建或技改工程时，严把验收关，要求施工单位及时灌浆。

类 别	防火门
问 题	防火门耐火性能不满足相关要求

问题描述及原因分析

1. 问题描述

1）未按要求设置防火门【图示一】；

2）站内虽设置了防火门，但其耐火性能偏低不满足相关要求【图示二】。

配电室至主控室
的门不是防火门

图示一

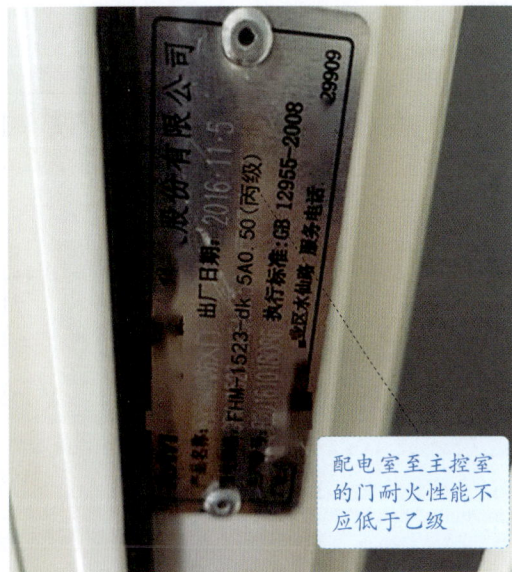

配电室至主控室
的门耐火性能不
应低于乙级

图示二

2. 原因分析

1）技改工程方案审核人员对规范不熟悉、不了解，对哪些位置需要耐火等级甲、乙、丙的防火门无法准确判断；

2）建设单位或监理单位未检查核实耐火性能与设计要求是否一致；

3）施工单位未按设计图纸或规范图集要求进行施工。

规范要求及正确做法

1. 规范要求

《火力发电厂与变电站设计防火标准》（GB 50229—2019）第 11.2.4 条"地上油浸变压器室的门应直通室外；地下油浸变压器室门应向公共走道方向开启，该门应采用甲级防火门；干式变压器室、电容器室门应向公共走道方向开启，该门应采用乙级防火门；蓄电池室、电缆夹层、继电器室、通信机房、配电装置室的门应向疏散方向开启，当门外为公共走道或其他房间时，该门应采用乙级防火门。配电装置室的中间隔墙上的门可采用分别向不同方向开启且宜相邻的 2 个乙级防火门"。

2. 正确做法

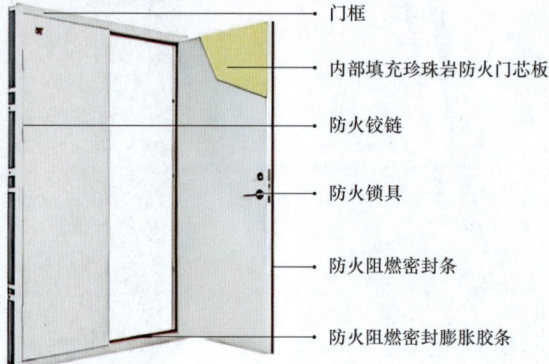

门框

内部填充珍珠岩防火门芯板

防火铰链

防火锁具

防火阻燃密封条

防火阻燃密封膨胀胶条

图示三

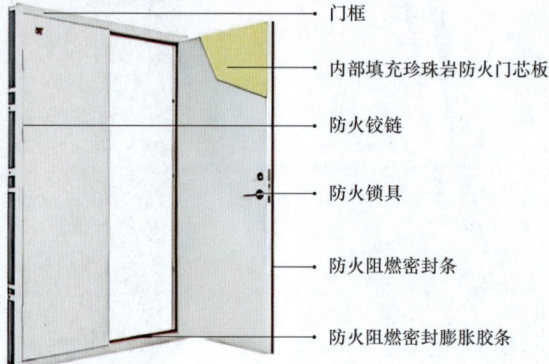

检 验 报 告
TEST REPORT

BCTC-2023QC1-0433

产品名称： Name of Product	QTFM-2427-bdk5 A1.00(乙级)-2-BL-不锈钢/其他材质隔热防火门
委托单位： Client	
生产单位： Manufacture	
检验类别： Test Category	型式试验

国 家 建筑门窗 质 量 检 验 检 测 中 心
National Center for Quality Inspection and Testing for Building Curtain Walls and Windows & Doors
建 筑 环 境 与 能 源 研 究 院
Testing Institute of Building Environment and Energy, Jianke EET Co.,Ltd.

Jianke EET Co.,Ltd.

图示四

国家建筑幕墙门窗质量检验检测中心

National Center of Quality Inspection and Testing for Building Curtain Walls and Windows & I

报告编号（No.）：BCTC-2023QC1-0433　　　　第1页　共7页(Page 1 of 7)

委托单位 Client		检验类别 Test category	型式试验
地址 Add.	------	样品编号 Sample NO.	2023QC1-0433
样品名称 Sample name	QTFM-2427-bdk5 A1.00(乙级)-2-BL-不锈钢/其他材质隔热防火门	状态 State	正常
商标 Brand	------	规格型号 Type/Model	QTFM-2427-bdk5 A1.00(乙级)-2-BL-不锈钢
生产单位 Manufacturer			
送样日期 Date of delivery	2023-07-10	数量 Quantity	2 樘
工程名称 Name of engineering	------		
检验地点 Place of test		检验日期 Date of test	2023-07-11～07-15
检验项目 Test items	钢质材料厚度、尺寸偏差、配合公差、灵活性、可靠性、耐火性能		
仪器设备 Instruments	QC-015-07 游标卡尺；QC-015-08 深度卡尺；QC-082-02 钢卷尺；QC-106 门窗五金件反复启闭设备；QC-122 建筑构件耐火试验垂直炉；QC-192-02 钢直尺；QC-414 电子外径千分尺；QC-416 塞尺；QC-420 数显式拉力计		
检验依据 Test based on	GB 12955-2008《防火门》 GBT 7633-2008《门和卷帘的耐火试验方法》 GB/T 9978.1-2008《建筑构件耐火试验方法 第1部分：通用要求》		
判定依据 Criteria based on	GB 12955-2008　《防火门》		
检验结论 Test conclusion	经检验，该样品耐火性能的检测结果符合 GB 12955-2008 隔热防火门 A1.00(乙级)的要求；钢质材料厚度、尺寸偏差、配合公差、灵活性、可靠性符合 GB 12955-2008 的要求。 (本页以下无正文) 检验检测专用章		
备注 Remark	1 型式试验样品由委托方提供，样品信息见第7页。 2 型式试验检测项目依据 CCCF-CPRZ-18:2019 认证实施规则。		

批　准：Approval　　审　核：Verification　　主检 Chief tester

图示五

预防措施及整改建议

（1）图纸会审时要求设计人员对防火门的耐火性能在图纸中明确；

（2）方案审核时，应积极查找相应规范，结合实地场所环境确定防火门耐火性能；

（3）施工单位应严格按图施工，不可擅自取消或修改消防设施；

（4）防火门应具有出厂合格证和符合市场准入制度规定的有效证明文件，其型号、规格及耐火性能应符合设计要求；

（5）防火门安装完成后，其门扇应启闭灵活，并应无反弹、翘角、卡阻和关闭不严现象。

类 别	防火门
问 题	防火门未按要求安装闭门器

问题描述及原因分析

1. 问题描述

1）防火门未按要求安装闭门器【图示一】；

2）站内防火门已安装闭门器，但其损坏未及时修复【图示二】。

防火门未按要求安装闭门器

防火门闭门器损坏

图示一   图示二

2. 原因分析

1）工程验收人员对防火门相关规范不熟悉，对其所要求的必要配件不了解；

2）经常启闭的场所设置了常闭防火门，运维人员为使用方便人为将闭门器拆开或破坏；

3）施工单位作业人员责任心不强，未将防火门出厂所带配件及时进行安装。

规范要求及正确做法

1. 规范要求

　　《防火卷帘、防火门、防火窗施工及验收规范》（GB 50877—2014）第 5.3.2 条"常闭防火门应安装闭门器等，双扇和多扇防火门应安装顺序器"。

2. 正确做法

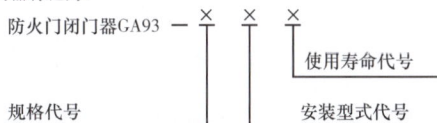

图示三

图示四

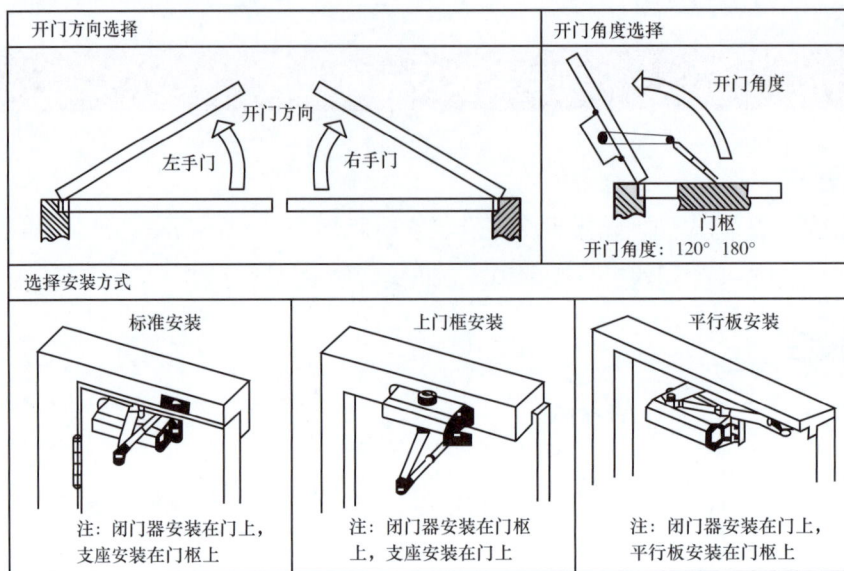

图示五

预防措施及整改建议

（1）防火门闭门器使用时应运转平稳、灵活，其贮油部件不应有渗漏油现象。

（2）常温下的最大关闭时间不应小于20s；常温下的最小关闭时间不应大于3s。

（3）新建或技改工程时应要求施工单位及时将防火门出厂配套的闭门器进行安装。

（4）设置在建筑内经常有人通行处的防火门宜采用常开防火门。

类 别	防火门
问 题	防火门未按要求安装永久性标牌

问题描述及原因分析

1. 问题描述

1）防火门未按要求安装永久性标牌【图示一】。

2）永久性标牌信息录入不完整；不应使用纸质标牌替代防火门出厂所配永久性标牌【图示二】。

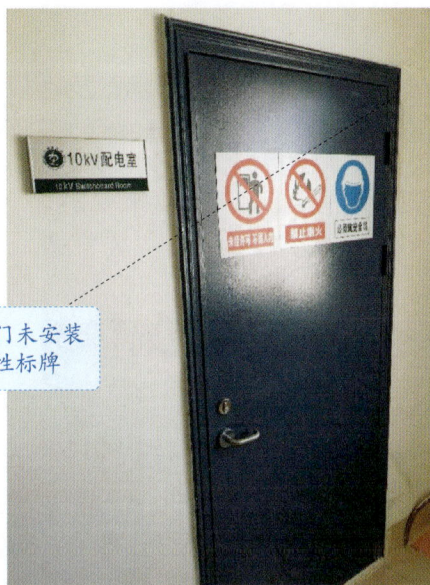

防火门未安装
永久性标牌

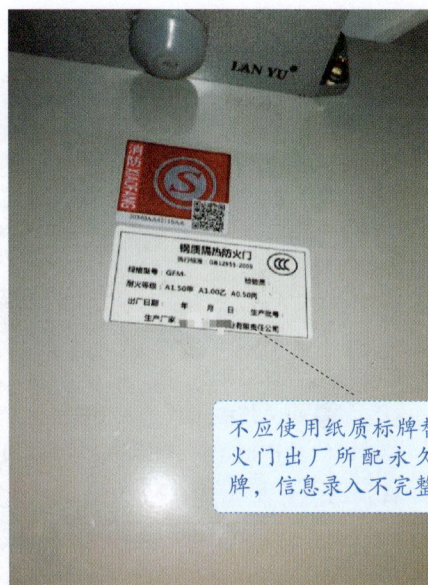

不应使用纸质标牌替代防
火门出厂所配永久性标
牌，信息录入不完整

图示一　　　　　　　　　　　图示二

2. 原因分析

1）工程验收人员对防火门相关规范不熟悉，对其所要求的必要配件不了解；

2）未选用正规厂家生产的防火门，致使出厂所带配件不齐全，为应付验收或检查随意打印纸质标牌；

3）未严把验收关卡，标牌录入信息缺失未及时要求厂家进行补充；

4）施工单位作业人员责任心不强，未将防火门出厂所带配件及时进行安装。

规范要求及正确做法

1. 规范要求

《防火卷帘、防火门、防火窗施工及验收规范》（GB 50877—2014）第 4.3.2 条"每樘防火门均应在其明显部位设置永久性标牌，并应标明产品名称、型号、规格、耐火性能及商标、生产单位（制造商）名称和厂址、出厂日期及产品生产批号、执行标准等"。

2. 正确做法

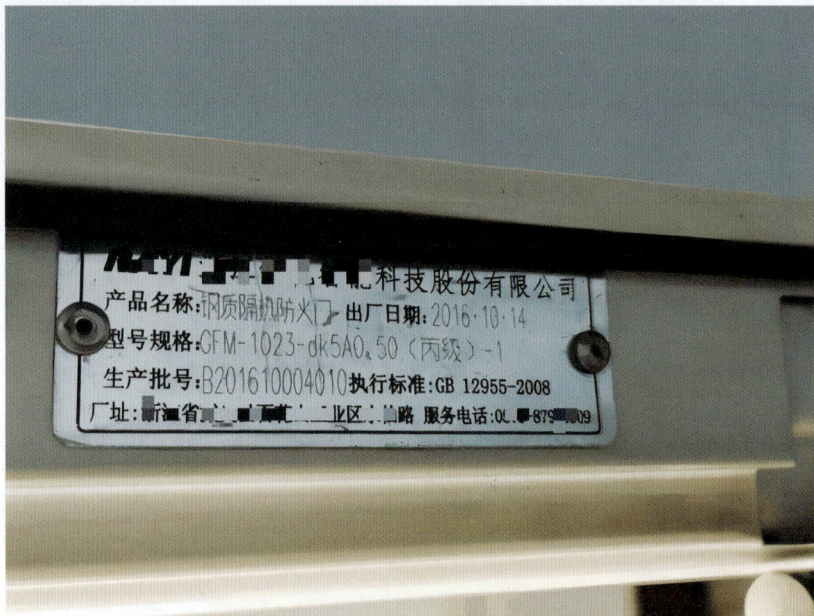

图示三

图示四

预防措施及整改建议

（1）永久性标牌录入信息应完整，采用标牌打标机录入；

（2）永久性标牌应安装在防火门明显部位，建议统一安装于门轴侧防火门门扇上方；

（3）新建或技改工程时应要求施工单位及时将防火门出厂配套的永久性标牌进行安装；

（4）建议条件允许的情况下，常闭防火门明显位置粘贴"保持常闭"标识。

変电站消防
标准化图集

PART

7

第七部分

应急照明
及疏散指
示系统

类　别	应急照明及疏散指示系统
问　题	疏散指示灯具的设置不满足要求

问题描述及原因分析

1. 问题描述

1）疏散指示标识选型错误，未按要求安装灯光型灯具【图示一】【图示二】；

2）安全出口疏散指示标识安装错误，不应带指示方向箭头【图示三】；

3）疏散通道的疏散指示标识安装错误，缺少指示方向箭头【图示四】。

疏散指示标识
选型错误

图示一

疏散指示标识
选型错误

图示二

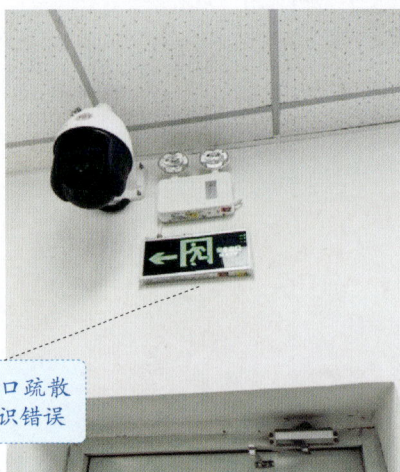

安全出口疏散
指示标识错误

图示三

疏散通道的疏散指示标
识缺少指示方向箭头

图示四

2. 原因分析

1）建设单位或监理单位对相关规范不了解，图纸信息读取不全；

2）施工单位未按设计图纸或规范图集要求进行施工，施工随意性较大；

3）验收把关不严。

规范要求及正确做法

1. 规范要求

1）《消防应急照明和疏散指示系统技术标准》（GB 51309—2018）第 3.2.1 条"不应采用蓄光型指示标志代替消防应急标志灯具"。

2）《消防应急照明和疏散指示系统技术标准》（GB 51309—2018）第 4.5.11 条"方向标志灯的安装应符合下列规定：1 应保证标志灯的箭头指示方向与疏散指示方案一致。2 安装在疏散走道、通道两侧的墙面或柱面上时，标志灯底边距地面的高度应小于 1m"。

3）《建筑设计防火规范》（GB 50016—2014）（2018 年版）第 10.3.5 条"公共建筑应设置灯光疏散指示标志，并应符合下列规定：1 应设置在安全出口和人员密集场所的疏散门的正上方；2 应设置在疏散走道及其转角处距地面高度 1.0m 以下的墙面或地面上。灯光疏散指示标志的间距不应大于 20m；对于袋形走道，不应大于 10m；在走道转角区，不应大于 1.0m"。

2. 正确做法

沿疏散走道设置的灯光疏散指示标志

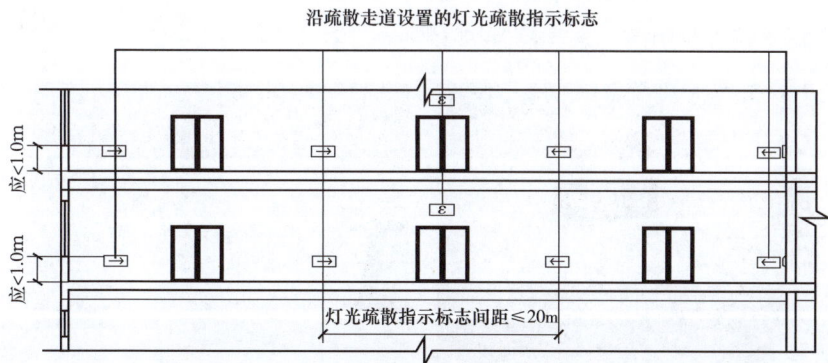

应<1.0m

应<1.0m

灯光疏散指示标志间距≤20m

图示五

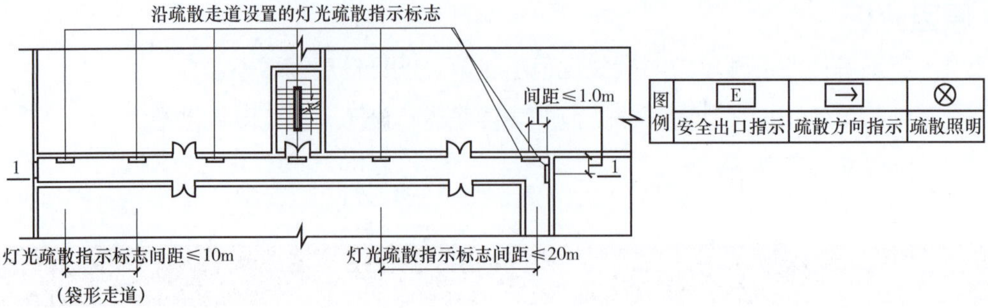

沿疏散走道设置的灯光疏散指示标志

间距≤1.0m

图例	E	→	⊗
	安全出口指示	疏散方向指示	疏散照明

灯光疏散指示标志间距≤10m

（袋形走道）

灯光疏散指示标志间距≤20m

图示六

预防措施及整改建议

图纸是规范精华的汇总，建设单位、监理单位、施工单位在施工前应及时了解全面读懂设计图纸，不可盲目施工。

类　别	**应急照明及疏散指示系统**
问　题	**应急照明灯具的设置不满足要求**

问题描述及原因分析

1. 问题描述

1）应急照明灯主电未通电【图示一】；

2）应急照明线路明敷，未穿管保护【图示二】；

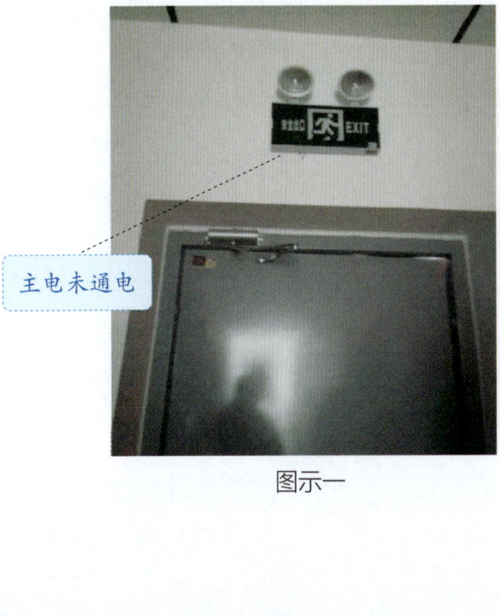

主电未通电

图示一

应急照明线路明敷，未穿管保护

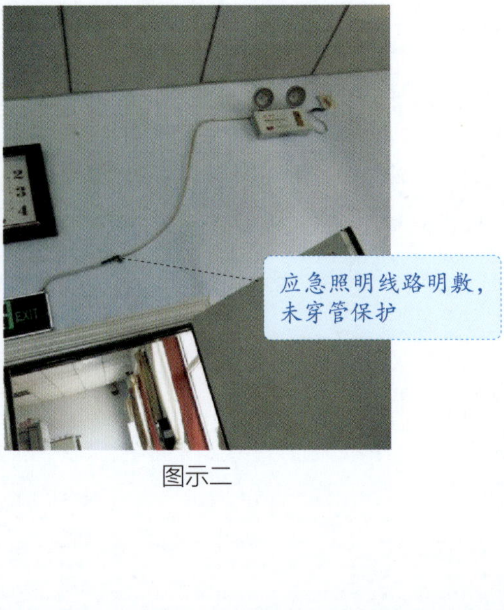

图示二

3）应急照明灯不建议采用普通插座供电【图示三】；

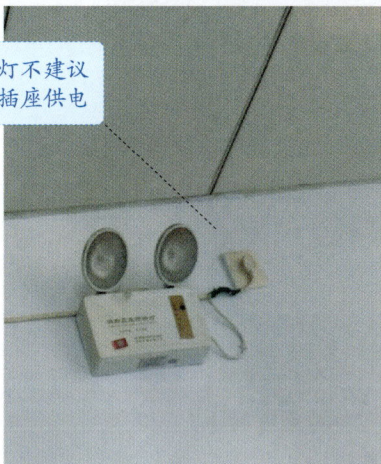

4）疏散走道、楼梯未设置应急照明灯【图示四】。

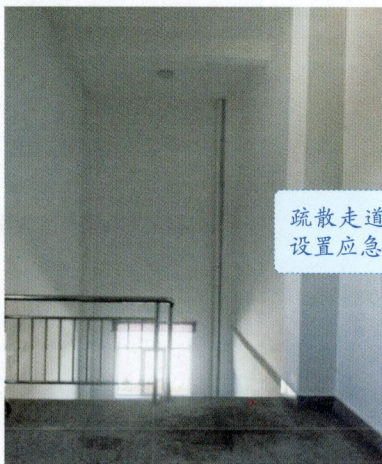

应急照明灯不建议采用普通插座供电

疏散走道、楼梯未设置应急照明灯

图示三　　　　　　　　　　图示四

2. 原因分析

1）建设单位或监理单位对相关规范不了解，图纸信息读取不全；

2）施工单位未按设计图纸或规范图集要求进行施工，或现场设施受影响时未及时与建设单位、监理单位、设计单位沟通进行相应的变更调整。

规范要求及正确做法

1. 规范要求

1）《建筑设计防火规范》（GB 50016—2014）（2018年版）第10.1.10条"消防配电线路应满足火灾时连续供电的需要，其敷设应符合下列规定：明敷时（包括敷设在吊顶内），应穿金属导管或采用封闭式金属槽盒保护，金属导管或封闭式金属槽盒应采取防火保护措施；当采用阻燃或耐火电缆并敷设在电缆井、沟内时，可不穿金属导管或采用封闭式金属槽盒保护；当采用矿物绝缘类不燃性电缆时，可直接明敷"。

2）《火力发电厂与变电站设计防火标准》（GB 50229—2019）第11.7.2条"火灾应急照明和疏散标志应符合下列规定：户内变电站、户外变电站的控制室、通信机房、配电装置室、消防水泵房和建筑疏散通道应设置应急照明"。

3）《消防应急照明和疏散指示系统技术标准》（GB 51309—2018）第4.5.5条"非集中控制型系统中，自带电源型灯具采用插头连接时，应采用专用工具方可拆卸"。

2. 正确做法

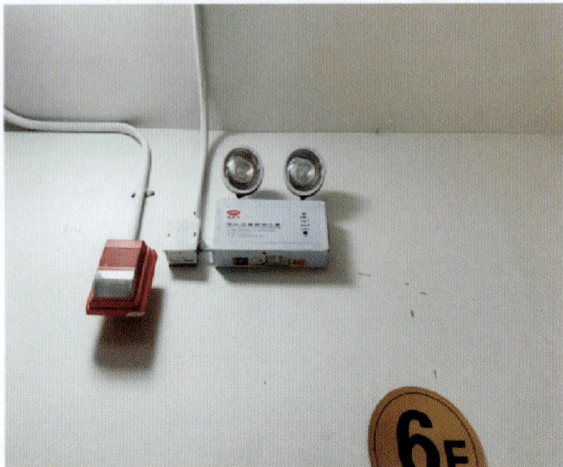

图示五

预防措施及整改建议

（1）图纸是规范精华的汇总，建设单位、监理单位、施工单位在施工前应及时了解全面读懂设计图纸，不可盲目施工。

（2）采用自带电源型灯具的非集中控制型系统中，灯具可以采用插头方式连接。但是，为了避免在日常使用过程中非维护人员随意拔出插头，影响灯具的正常运行，插头与插座之间应采取采用专用工具方可拆卸的连接方式连接。

变电站消防
标准化图集

PART 8

第八部分

灭火器

类 别	灭火器
问 题	灭火器超过使用期限

问题描述及原因分析

1. 问题描述

　　1）干粉灭火器已超使用年限，未及时报废【图示一】【图示二】；

　　2）二氧化碳灭火器已超使用年限，未及时报废【图示三】。

干粉灭火器已过期

图示一

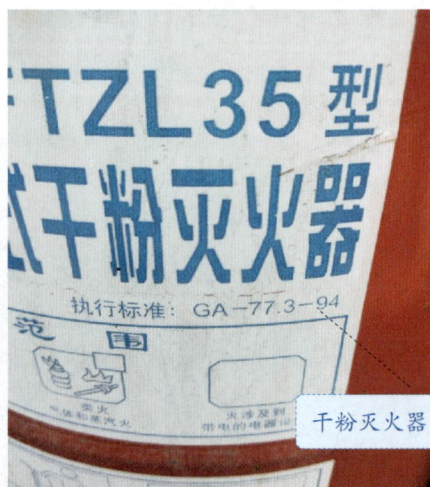

干粉灭火器已过期

图示二

二氧化碳灭火器已过期

图示三

2. 原因分析

1）建设单位对灭火器的使用年限不了解；

2）管理人员日常维护管理工作不到位；

3）灭火器维保单位、检测单位责任心不强。

规范要求及正确做法

1. 规范要求

1）《灭火器维修》（XF 95—2015）第 7.1 条"灭火器自出厂日期算起，达到以下年限的，应报废：a）水基型灭火器—6 年；b）干粉灭火器—10 年；c）洁净气体灭火器—10 年；d）二氧化碳灭火器和贮气瓶—12 年"。

2）《灭火器维修》（XF 95—2015）第 7.5 条"对报废的灭火器气瓶（筒体）或贮气瓶应进行消除使用功能处理。处理应在确认报废的灭火器气瓶（筒体）或贮气瓶内部无压力的情况下进行，应采用压扁或者解体等不可修复的方式，不应采用钻孔或破坏瓶口螺纹的方式"。

3）《建筑灭火器配置验收及检查规范》（GB 50444—2008）第 5.4.4 条"灭火器报废后，应按照等效替代的原则进行更换"。

2. 正确做法

灭火器类型		报废期限（年）
水基型灭火器	手提式水基型灭火器	6
	推车式水基型灭火器	
干粉灭火器	手提式（贮压式）干粉灭火器	10
	手提式（储气瓶式）干粉灭火器	
	推车式（贮压式）干粉灭火器	
	推车式（储气瓶式）干粉灭火器	
洁净气体灭火器	手提式洁净气体灭火器	
	推车式洁净气体灭火器	
二氧化碳灭火器	手提式二氧化碳灭火器	12
	推车式二氧化碳灭火器	

图示四

干粉灭火器

出厂日期

出厂日期

二氧化碳灭火器

图示五

预防措施及整改建议

（1）加强日常维护管理，定期核查灭火器的使用年限。

（2）灭火器出厂日期判定：筒体钢印、出厂合格证、出厂检验报告等读取相关信息。

（3）做好灭火器台账，及时更新信息。

（4）加大对灭火器维保及检测单位的监督力度。

（5）任何一种灭火器的使用寿命都是有限的，使用超过报废期限的灭火器，不仅会影响灭火效果，而且有可能对使用人员造成伤害。因此，只要达到或超过报废期限，即使灭火器未曾使用过，均应当予以报废。

（6）焊接结构、承受低压的灭火器，水压试验的次数太多，对其结构、金相及焊缝等影响较大，因此其水压试验周期、维修期限宜短一些，水压试验次数应少一些，总次数不超过3次，其报废期限则也应当短一些。无缝钢管结构、承受高压的灭火器筒体，其水压试验的总次数不超过4次，其报废期限则应当长一些。

（7）等效替代的含义主要包括：新配灭火器的灭火种类、温度适用范围等应与原配灭火器一致，其灭火级别和配置数量均不得低于原配灭火器。

类 别	灭火器
问 题	灭火器年检不满足要求

问题描述及原因分析

1. 问题描述

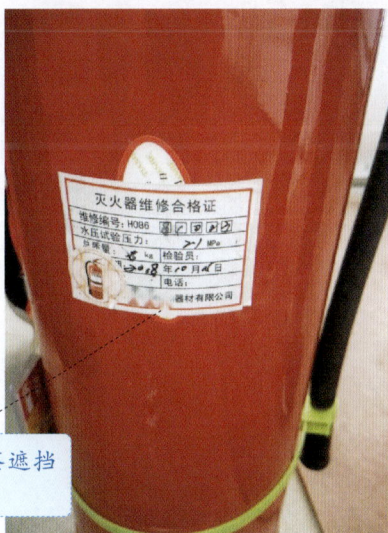

1）灭火器年检标签不应遮挡合格证【图示一】；

2）灭火器箱内无灭火器，全部拉走年检【图示二】。

年检标签遮挡
合格证

年检拉走了配置点
内的全部灭火器

图示一   图示二

2. 原因分析

1）建设单位对相关规范不了解；

2）灭火器检测单位工作责任心不强。

规范要求及正确做法

1. 规范要求

1）《建筑灭火器配置验收及检查规范》（GB 50444—2008）第5.1.2条"每次送修的灭火器数量不得超过计算单元配置灭火器总数的1/4。超出时，应选择相同类型和操作方法的灭火器替代，替代灭火器的灭火级别不应小于原配置灭火器的灭火级别"。

2)《建筑灭火器配置验收及检查规范》（GB 50444—2008）第5.4.1条"下列类型的灭火器应报废：1酸碱型灭火器；2化学泡沫型灭火器；3倒置使用型灭火器；4氯溴甲烷、四氯化碳灭火器；5国家政策明令淘汰的其他类型灭火器"。

3)《建筑灭火器配置验收及检查规范》（GB 50444—2008）第5.4.2条"有下列情况之一的灭火器应报废：1筒体严重锈蚀，锈蚀面积大于、等于筒体总面积的1/3，表面有凹坑；2筒体明显变形，机械损伤严重；3器头存在裂纹、无泄压机构；4筒体为平底等结构不合理；5没有间歇喷射机构的手提式；6没有生产厂名称和出厂年月，包括铭牌脱落，或虽有铭牌，但已看不清生产厂名称，或出厂年月钢印无法识别；7筒体有锡焊、铜焊或补缀等修补痕迹；8被火烧过"。

2. 正确做法

灭火器类型		维修期限
水基型灭火器	手提式水基型灭火器	出厂期满3年；首次维修以后每满1年
	推车式水基型灭火器	
干粉灭火器	手提式（贮压式）干粉灭火器	出厂期满5年；首次维修以后每满2年
	手提式（储气瓶式）干粉灭火器	
	推车式（贮压式）干粉灭火器	
	推车式（储气瓶式）干粉灭火器	
洁净气体灭火器	手提式洁净气体灭火器	
	推车式洁净气体灭火器	
二氧化碳灭火器	手提式二氧化碳灭火器	
	推车式二氧化碳灭火器	

图示三

预防措施及整改建议

（1）加强相关人员的培训学习。

（2）加强灭火器的日常维护管理。

（3）加大对灭火器检测单位的监督力度。

（4）酸碱型灭火器、化学泡沫灭火器的灭火剂对灭火器筒体腐蚀性强，使用时要倒置，容易产生爆炸危险。氯溴甲烷灭火器、四氯化碳灭火器的灭火剂毒性大，已经淘汰。这些灭火器类型列入了国家颁布的淘汰目录，产品标准也已经废止。在灭火器年检或日常巡检时，若发现这些类型的灭火器，应当予以报废。

（5）水基型灭火器的灭火剂对灭火器筒体的腐蚀较为明显，其水压试验周期、维修期限较短，出厂期满 3 年应当进行首次维修，以后每隔 1 年进行一次维修，但总共不超过 3 次。

（6）干粉灭火器和洁净气体灭火器出厂期满 5 年应当进行首次维修，以后每隔 2 年进行一次维修，但总共不超过 3 次。

（7）二氧化碳灭火器出厂期满 5 年应当进行首次维修，以后每隔 2 年进行一次维修，但总共不超过 4 次。

（8）灭火器年检或日常巡检时发现筒体严重锈蚀、变形、破损或无法辨认出厂日期的情况，应及时做报废处理。

类　别	灭火器
问　题	灭火器配件不满足要求

问题描述及原因分析

1. 问题描述

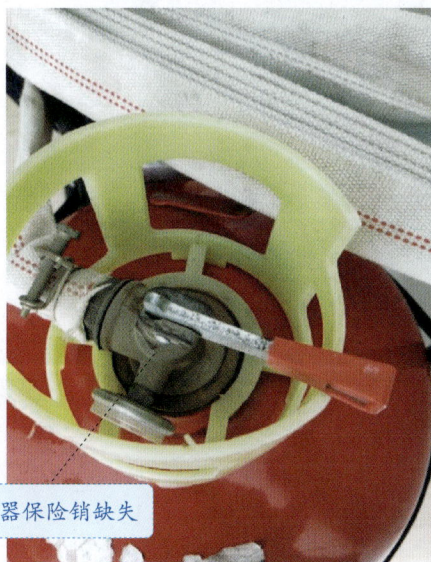

1）灭火器保险销缺失【图示一】；

2）灭火器合格证损坏【图示二】；

图示一

图示二

3）干粉灭火器喷射软管破损【图示三】；

4）灭火器筒体锈蚀严重【图示四】；

干粉灭火器喷
射软管破损

灭火器筒体锈蚀严重

图示三   图示四

5）室外放置的灭火器无防护罩，导致灭火器软管脆化，筒体锈蚀【图示五】；

灭火器软管脆化，
筒体锈蚀

图示五

6）灭火器箱无底座，直接放置在地上，容易受潮锈蚀【图示六】；

7）灭火器箱开启角度不足【图示七】。

灭火器箱无底座，直接放置在地上

图示六

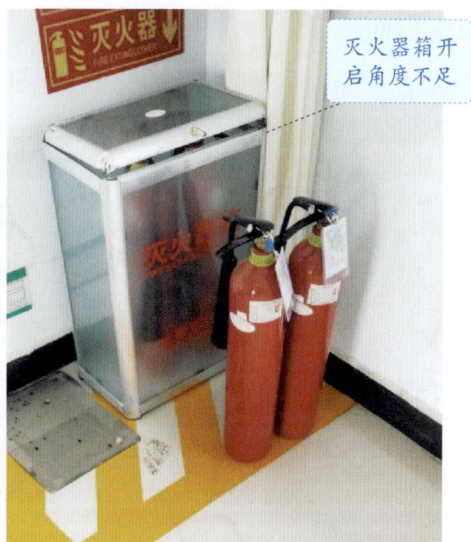

灭火器箱开启角度不足

图示七

2. 原因分析

1）灭火器日常管理不到位；

2）维保单位责任心不强。

规范要求及正确做法

1. 规范要求

1）《建筑灭火器配置验收及检查规范》（GB 50444—2008）第3.4.3条"设置在室外的灭火器应采取防湿、防寒、防晒等相应保护措施"。

2）《建筑灭火器配置验收及检查规范》（GB 50444—2008）第2.2.1条"1 灭火器应符合市场准入的规定，并应有出厂合格证和相关证书；2 灭火器的铭牌、生产日期和维修日期等标志应齐全；3 灭火器的类型、规格、灭火级别和数量应符合配置设计要求；4 灭火器筒体应无明显缺陷和机械损伤；5 灭火器的保险装置应完好；6 灭火器压力指示器的指针应在绿区范围内；7 推车式灭火器的行驶机构应完好"。

3）《建筑灭火器配置验收及检查规范》（GB 50444—2008）第3.2.3条"灭火器箱的箱门开启应方便灵活，其箱门开启后不得阻挡人员安全疏散。除不影响灭火器取用和人员疏散的场合外，开门型灭火器箱的箱门开启角度不应小于175°，翻盖型灭火器箱的翻盖开启角度不应小于100°"。

2. 正确做法

①瓶体；
②喷管；
③开关

4.压下把手对准火源喷射

1.除掉铅封　2.拉出保险销　3.将喷头朝向火点

手提式灭火器及其使用方法
图示八

①推车；
②喷枪；
③软管；
④保险销；
⑤贮气瓶

注：使用时，一般由两人操作，先将灭火器迅速
拉到火场在距离着火点10m左右处停下

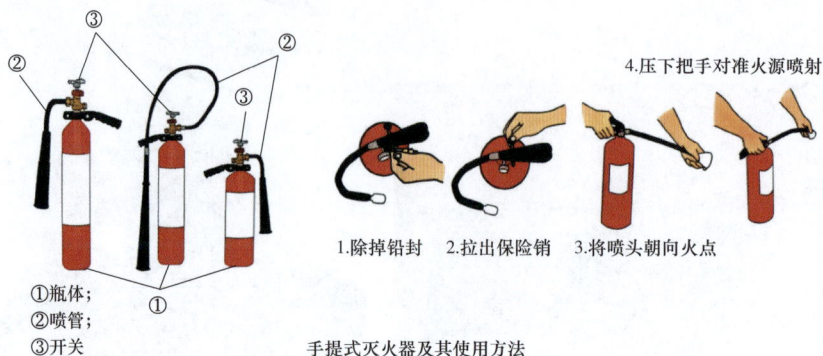

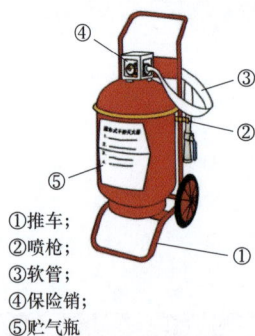

推车式灭火器及其使用方法
图示九

预防措施及整改建议

（1）加强灭火器的日常管理工作；
（2）加大对检测维保单位的监督力度。

类　别	灭火器
问　题	灭火器的配置级别不满足要求

问题描述及原因分析

1. 问题描述

1）一个配置点内放置的灭火器过于集中【图示一】；

2）主控室灭火器的配置级别不够【图示二】。

一个配置点内放置的灭火器过于集中

图示一

主控室仅配置了3kg二氧化碳灭火器，灭火级别不够

图示二

2. 原因分析

1）使用单位对相关规范不了解；

2）使用单位未按灭火器配置图纸配置灭火器。

规范要求及正确做法

1. 规范要求

1）《建筑灭火器配置设计规范》（GB 50140—2005）第6.1.2条"每个设置点的灭火器数量不宜多于5具"。

2）《电力设备典型消防规程》（DL 5027—2015）G.2 灭火器和黄砂典型配置中的表 G.2.1-1~G.2.1-7。

3)《火力发电厂与变电站设计防火标准》（GB 50229—2019）第 11.5.22 条"主控室危险等级为严重"。

2. 正确做法

典型 500kV 变电站现场灭火器和黄砂配置表

灭火器材 配置部位	磷酸铵盐干粉					黄砂		灭火级别	保护面积（m²）	危险等级	备注
	2kg	3kg	4kg	5kg	50kg	桶(25L)	箱(1.0m³)				
一、主控通信楼											共3层
1 控制室	—	—	—	1	—	—	—	E（A）	70	严重	三层
2 通信机房	—	—	—	1	—	—	—	E（A）	70	严重	三层
3 三层其他区域	—	2	—	—	—	—	—	A	200	轻	值班室、会议室、资料室
4 控制保护设备室	—	4	—	—	—	—	—	E（A）	400	中	二层
5 蓄电池室	—	—	2	—	—	—	—	C（A）	70	中	二层
6 配电装置室	—	4	—	—	—	—	—	E（A）	400	中	二层
7 一层其他区域	—	2	—	—	—	—	—	A	140	轻	备品间、工具间、门厅、走廊
二、继电器室	—	4×2	—	—	—	—	—	E（A）	4×240	中	4座
三、站用电室	—	2	—	—	—	—	—	E（A）	144	中	—
四、检修间	2	—	—	—	—	—	—	混合（A）	160	轻	—
五、备品间	—	2	—	—	—	—	—	混合（A）	120	中	—
六、消防水泵房	—	—	2	—	—	—	—	B	108	中	—
七、警卫传达室	2	—	—	—	—	—	—	A	50	轻	—
八、主变压器	—	—	—	—	4×2	—	4×3	B	12×120	中	12只变压器共用
九、室外配电装置	—	—	—	—	—	40	—	—	—	—	—

预防措施及整改建议

其他电压等级的变电站灭火器及消防器材配置参照《电力设备典型消防规程》（DL 5027—2015）附录 G2.1 执行。

类　别	灭火器
问　题	灭火器配置类型不满足要求

问题描述及原因分析

1. 问题描述

1）室外主变压器旁不应配置二氧化碳灭火器【图示一】；

2）高压配电室不应配置二氧化碳灭火器【图示二】。

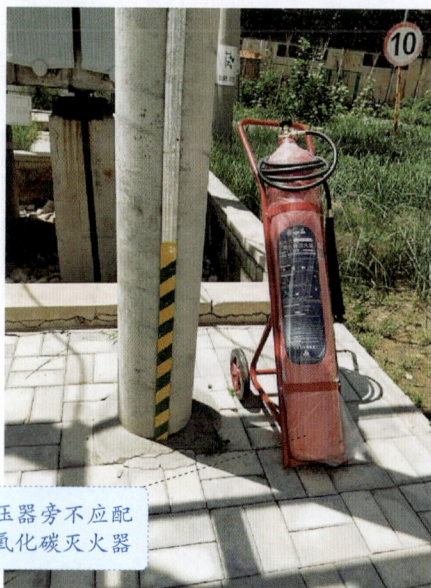

图示一

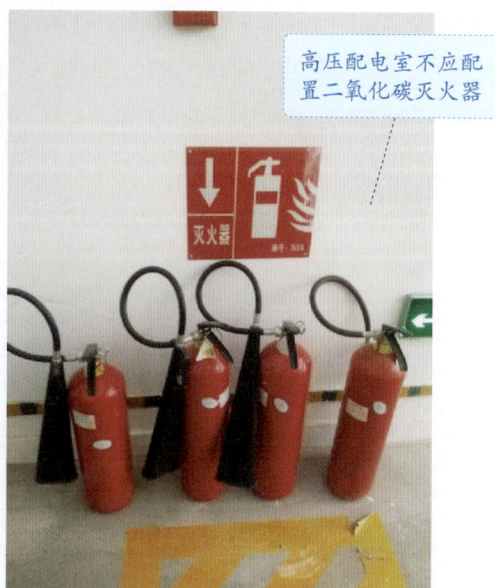

图示二

2. 原因分析

1）使用单位日常管理不到位；

2）设计单位对相关规范不了解。

规范要求及正确做法

1. 规范要求

1）《电力设备典型消防规程》（DL 5027—2015）附录 F3.1 条"二氧化碳灭火器适用于扑灭可燃液体火灾、可燃气体火灾、600V 以下的带电 B 类火灾，以及仪器仪表、图书档案等要求不留残迹、不污损被保护物的场所，不适用于固体火灾、金属火灾和自身含有供氧源的化合物火灾，若扑灭600V以上的电气火灾时，应先切断电源。二氧化碳灭火器的使用温度范围为 −10℃ ~ +55℃"。

2)《建筑灭火器配置设计规范》(GB 50140—2005)第4.2.1条"A类(固体火灾)火灾场所应选择水型灭火器、磷酸铵盐干粉灭火器、泡沫灭火器或卤代烷灭火器";第4.2.2条"B类(液体或可熔化固体)火灾场所应选择泡沫灭火器、碳酸氢钠干粉灭火器、磷酸铵盐干粉灭火器、二氧化碳灭火器、灭B类火灾的水型灭火器或卤代烷灭火器。极性溶剂的B类火灾场所应选择灭B类火灾的抗溶性灭火器"。第4.2.3条"C类(气体)火灾场所应选择磷酸铵盐干粉灭火器、碳酸氢钠干粉灭火器、二氧化碳灭火器或卤代烷灭火器";第4.2.4条"D类(金属)火灾场所应选择扑灭金属火灾的专用灭火器";第4.2.5条"E类(带电)火灾场所应选择磷酸铵盐干粉灭火器、碳酸氢钠干粉灭火器、卤代烷灭火器或二氧化碳灭火器，但不得选用装有金属喇叭喷筒的二氧化碳灭火器"。

2. 正确做法

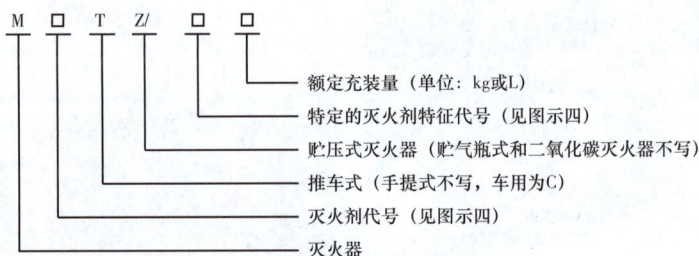

图示三

灭火剂代号和特定的灭火剂特征代号

分类	灭火剂代号	代号含义	特定的灭火剂特征代号	特征代号含义
水基型灭火器	S	清水或带添加剂的水，但不具有发泡倍数和25%析液时间要求	AR(不具有此性能不写)	具有扑灭水溶性液体燃料火灾的能力
	P	泡沫灭火剂，具有发泡倍数和25%析液时间要求。包括：P、FP、S、AR、AEFF和FFFP等灭火剂	AR(不具有此性能不写)	具有扑灭水溶性液体燃料火灾的能力
干粉灭火器	F	干粉灭火剂，包括：BC型和ABC型干粉灭火器	ABC(BC干粉灭火器不写)	具有扑灭A类火灾的能力
二氧化碳灭火器	T	二氧化碳灭火剂	—	—
洁净气体灭火器	J	洁净气体灭火剂，包括：卤代烷烃类气体灭火剂、惰性气体灭火剂和混合气体灭火剂等	—	—

图示四

预防措施及整改建议

（1）加强灭火器的日常管理工作。

（2）若灭 600V 以上电气火灾时，二氧化碳灭火剂容易被电压击穿，使其导电，应先切断电源。当在狭小的密闭房间使用时，使用后使用者及所有人员都必须迅速撤离，注意通风。

（3）600V 及以上的高电压场所不建议配置二氧化碳灭火器。

（4）二氧化碳灭火器应存放在干燥、阴凉、通风且取用方便之处，存放地点的温度不得超过 42℃，不得受到雨淋、烈日暴晒、接近火源或受剧烈振动，冬季应采取保温措施，运输时应避免碰撞。

（5）从出厂日期算起，二氧化碳灭火器和贮气瓶的使用期限为 12 年，灭火器过期、损坏或检验不合格者，应及时报废、更换。

类　别	灭火器
问　题	灭火器压力不满足要求

问题描述及原因分析

1. 问题描述

1）干粉灭火器欠压【图示一】；

2）干粉灭火器超压【图示二】；

3）二氧化碳灭火器称重减重率超 5%【图示三】。

2. 原因分析

1）使用单位日常管理不到位；

2）维保单位不负责任。

图示一

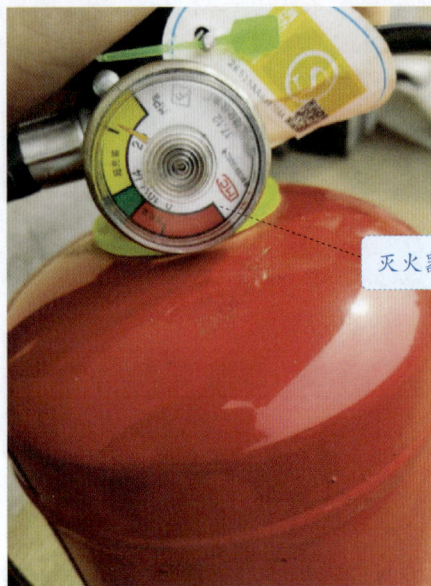

图示二

灭火器欠压

灭火器超压

二氧化碳减重率超 5%

图示三

规范要求及正确做法

1. 规范要求

1)《建筑灭火器配置验收及检查规范》(GB 50444—2008)第 2.2.1 条"灭火器的进场检查应符合下列要求：灭火器压力指示器的指针应在绿区范围内"；

2）《手提式灭火器　第 1 部分：性能和结构要求》（GB 4351.1—2005）第 6.1.2 条"二氧化碳灭火剂充装总量误差率 0%~-5%"。

2. 正确做法

图示四

灭火剂充装总量误差率

灭火器类型	灭火剂量	允许误差
水基型	充装量（L）	0%~-5%
洁净气体	充装量（kg）	0%~-5%
二氧化碳	充装量（kg）	0%~-5%
干粉	1（kg） >1~3（kg）	±5% ±3%

图示五

预防措施及整改建议

（1）加强灭火器的日常管理工作。

（2）定期抽查二氧化碳灭火器的重量，对比筒体钢印上的总重量其减重率不应超过 5%。

（3）加大对维保单位的监督力度。

（4）我国消防产品的市场准入规则实行强制性产品认证（CCC认证）、型式认可和强制检验三种制度，所以，对于强制性产品认证的消防产品，要求提供产品的强制性产品认证证书。对于型式认可的消防产品，要求提供产品的型式认可证书。对于强制检验的消防产品，要求提供产品检测周期内的型式检验报告。同时，还要具体检查相应的灭火器产品是否标记有认证标志、型式认可标志或型式检验报告编号。

变电站消防
标准化图集

PART 9

第九部分

其他设施

类 别	其他设施
问 题	变压器挡油设施的设置不满足要求

问题描述及原因分析

1. 问题描述

1）主变压器挡油设施的尺寸不满足规范要求【图示一】；

2）挡油设施内未按要求铺设卵石【图示二】；

3）挡油设施内已铺设的卵石粒径不满足要求【图示三】。

挡油设施的尺寸
不满足规范要求

图示一

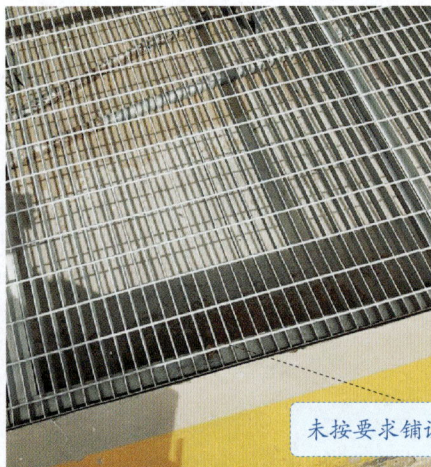

未按要求铺设卵石

图示二

卵石粒径不满足要求

图示三

2. 原因分析

1）变压器厂家提供的外形尺寸不准确或更换变压器时未及时核准现有挡油设施尺寸是否与新变压器外形尺寸匹配；

2）对相关规范不了解，无法进行有效的验收把关。

规范要求及正确做法

1. 规范要求

1）《火力发电厂与变电站设计防火标准》（GB 50229—2019）第 6.7.8 条 "户外单台油量为 1000kg 以上的电气设备，应设置贮油或挡油设施，其容积宜按设备油量的 20% 设计，并能将事故油排至总事故贮油池。总事故贮油池的容量应按其接入的油量最大的台设备确定，并设置油水分离装置。当不能满足上述要求时，应设置能容纳相应电气设备全部油量的贮油设施，并设置油水分离装置。贮油或挡油设施应大于设备外廓每边各 1m"。

2）《火力发电厂与变电站设计防火标准》（GB 50229—2019）第 6.7.9 条 "贮油设施内应铺设卵石层，其厚度不应小于 250mm，卵石直径宜为 50mm~80mm"。

2. 正确做法

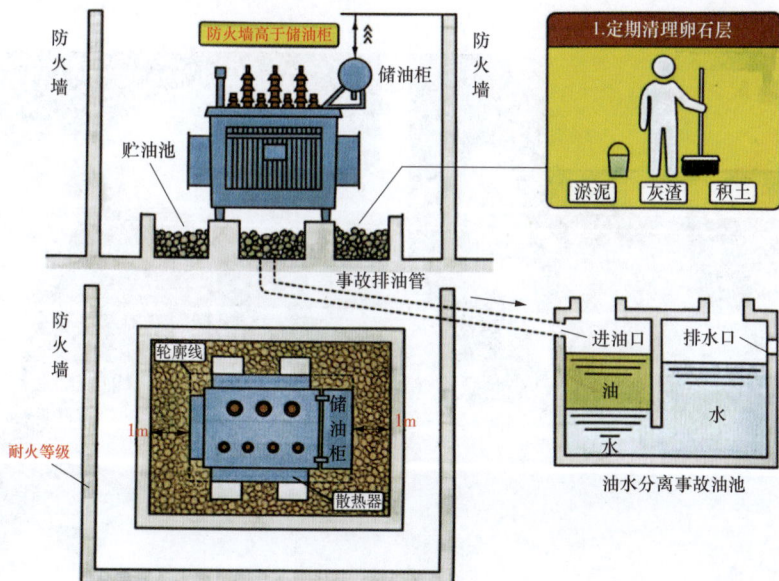

图示四

预防措施及整改建议

（1）施工图设计时应及时向变压器设备厂家索要变压器外形尺寸；

（2）贮油池内铺设卵石，可起隔火降温作用，防止绝缘油燃烧扩散，若当地无卵石，也可采用无孔碎石。

类　别	其他设施
问　题	防毒面具的配置不满足要求

问题描述及原因分析

1. 问题描述

1）未对防毒面具进行相应的维护使用培训，站内人员将滤罐全部打开连接好备存，致使滤毒罐失去防护功能【图示一】；

2）未定期检查防毒面具，致使面罩老化破损【图示二】、超使用寿命未及时更换【图示三】。

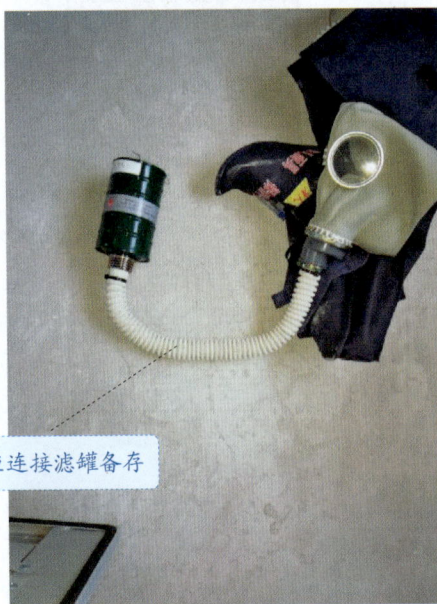

不应连接滤罐备存

图示一

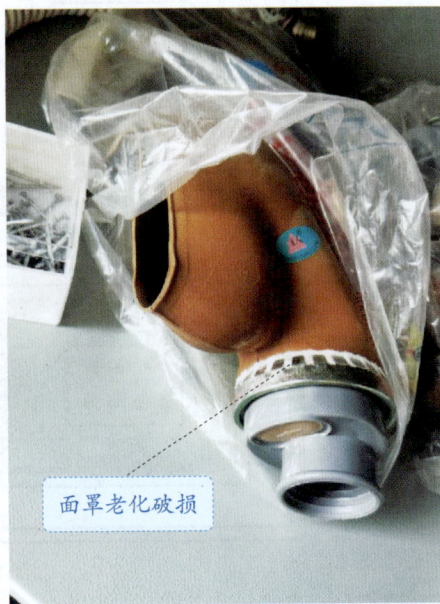

面罩老化破损

图示二

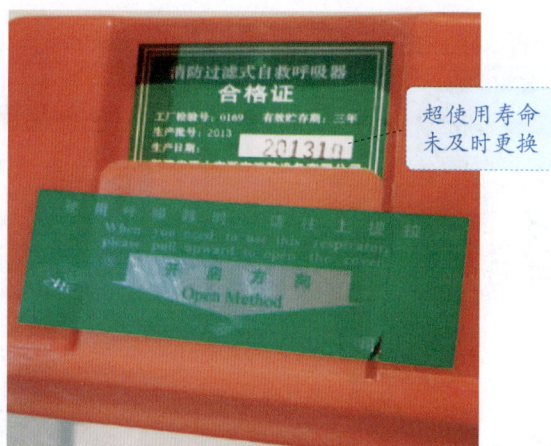

图示三

2. 原因分析

　　1）相关设施的使用维护知识培训不到位；

　　2）橡胶面罩未遮光保存，未定期进行巡检。

规范要求及正确做法

1. 规范要求

　　《中华人民共和国消防法》（2021年修订）第十六条"机关、团体、企业、事业等单位应当履行下列消防安全职责：（二）按照国家标准、行业标准配置消防设施、器材，设置消防安全标志，并定期组织检验、维修，确保完好有效"。

2. 正确做法

图示四

图示五

图示六

预防措施及整改建议

（1）定期巡检，发现问题及时处理；

（2）应针对实际场所配置的器材进行相应的培训。

类 别	其他设施
问 题	配电室或蓄电池室设置的事故风机不满足要求

问题描述及原因分析

1. 问题描述

1）事故风机风向错误，百叶在内侧无机械联锁打开装置，无法实现事故排风功能【图示一】；

2）事故风机未与火灾自动报警系统联锁，发生火灾时无法自动切断【图示二】。

2. 原因分析

1）建设单位或监理单位对相关规范不了解，图纸信息读取不全；

2）部分变电站所处地域风沙较大，自垂百叶密封性能不好，出现站内人员私自将事故风机内侧封堵的情况；

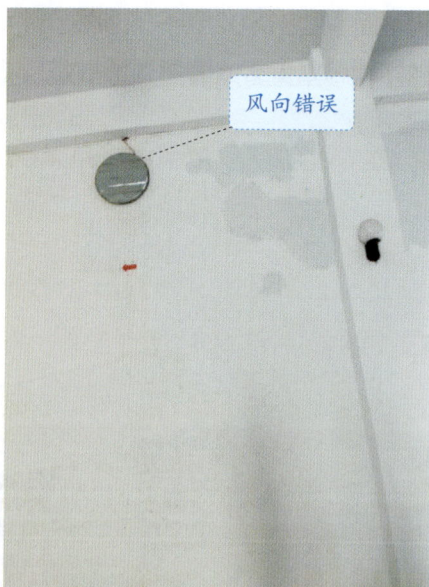

图示一 图示二

3）施工单位未按设计图纸或规范图集要求进行施工，随意性较大；

4）维保单位维保质量不高，发现问题未及时处理。

规范要求及正确做法

1. 规范要求

1）《火力发电厂与变电站设计防火标准》（GB 50229—2019）第 8.3.2 条"配电装置室通风系统应符合下列规定：1 当设有火灾自动报警系统时，通风设备应与其联锁，当出现火警时应能立即停运；2 当几个屋内配电装置室共设一个通风系统时，应在每个房间的送风支风道上设置防火阀"。

2）《火力发电厂与变电站设计防火标准》（GB 50229—2019）第 8.3.4 条"蓄电池室通风系统应符合下列规定：1 室内空气不应再循环，室内应保持负压，排风管的出口应接至室外；2 排风系统不应与其他通风系统合并设置，排风应引至室外；3 当蓄电池室的顶棚被梁分隔时，每个分隔处均应设吸风口，吸风口上缘距顶棚平面或屋顶的距离不应大于 0.1m；4 设置在蓄电池室内的通风机及其电机应为防爆型，并应直接连接；5 当蓄电池室内未设置氢气浓度检测仪时，排风机应连续运行；当蓄电池室内设有带报警功能的氢气浓度检测仪时，排风机应与氢气浓度检测仪联锁自动运行；6 蓄电池室的送风机和排风机不应布置在同一通风机房内；当送风设备为整体箱式时，可与排风设备布置在同一个房间"。

3)《火力发电厂与变电站设计防火标准》(GB 50229—2019)第 8.3.5 条"采用机械通风系统的电缆隧道和电缆夹层,当发生火灾时应立即切断通风机电源。通风系统的风机应与火灾自动报警系统联锁"。

2. 正确做法

图示三

图示四

预防措施及整改建议

(1)建议事故风机内侧粘贴风向标识,定期对事故风机进行测试;

(2)风沙大的区域自垂百叶无法完全密闭时,建议考虑增设机械百叶窗,与风机的启停信号联锁开闭;

(3)设置有火灾自动报警系统时,事故风机应能联锁停运;

(4)事故风机手动控制箱建议设置在本房间外方便切断的位置;

(5)事故风机控制箱应粘贴明显标识。

类 别	其他设施
问 题	消防砂箱及器材的配置不满足要求

问题描述及原因分析

1. 问题描述

1）消防砂箱容积不足【图示一】；

2）现场消防器材配置不足【图示二】。

图示一

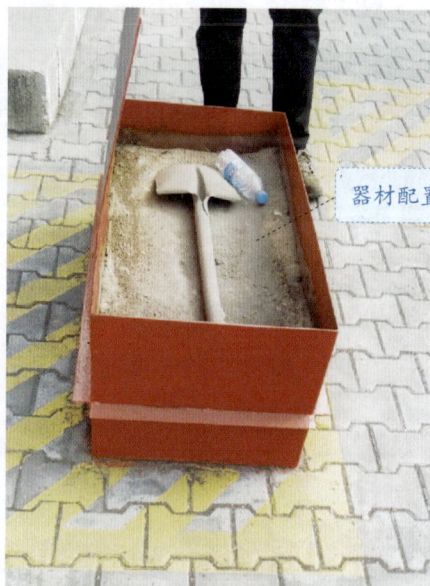

图示二

2. 原因分析

建设单位人员对相关规范不了解导致器材选型存在问题。

规范要求及正确做法

1. 规范要求

《电力设备典型消防规程》（DL 5027—2015）第 14.3.5 条"油浸式变压器、油浸式电抗器、油罐区、油泵房、油处理室、特种材料库、柴油发电机等处应设置消防砂箱或砂桶，内装干燥细黄沙。消防砂箱容积为 1.0m³，并配置消防铲，每处

3 把 ~5 把，消防砂桶应装满干燥黄砂。消防砂箱、砂桶和消防铲均应为大红色，砂箱的上部应有白色的'消防砂箱'字样，箱门正中应有白色的'火警 119'字样，箱体侧面应标注使用说明。消防砂箱的放置位置应与带电设备保持足够的安全距离"。

2. 正确做法

图示三

图示四

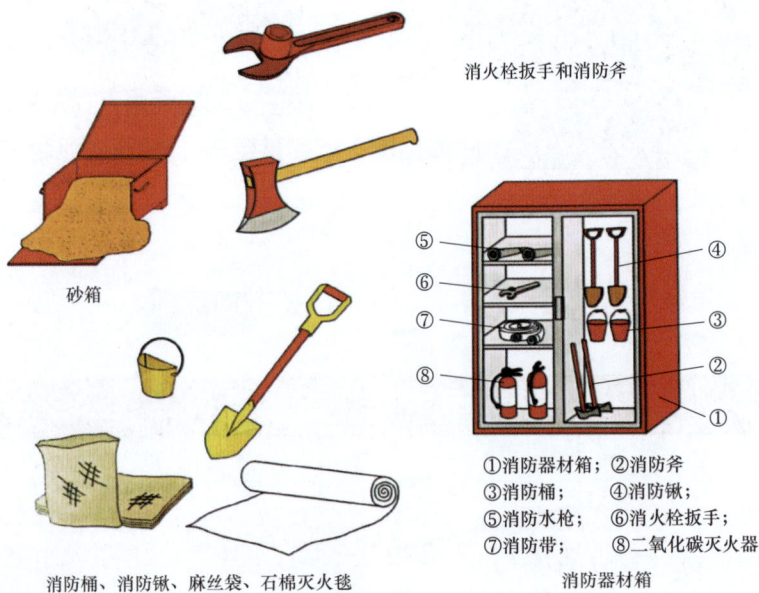

消火栓扳手和消防斧

砂箱

消防桶、消防锹、麻丝袋、石棉灭火毯

①消防器材箱；②消防斧
③消防桶；　　④消防锹；
⑤消防水枪；⑥消火栓扳手；
⑦消防带；　　⑧二氧化碳灭火器

消防器材箱

图示五

预防措施及整改建议

消防器材的选择及配置应严格参照《电力设备典型消防规程》（DL 5027—2015）相关条款执行。

类 别	其他设施
问 题	直通室外的疏散门开启方向错误

问题描述及原因分析

1. 问题描述

直通室外的疏散门未向疏散方向开启【图示一】【图示二】。

疏散门开启方向错误

图示一

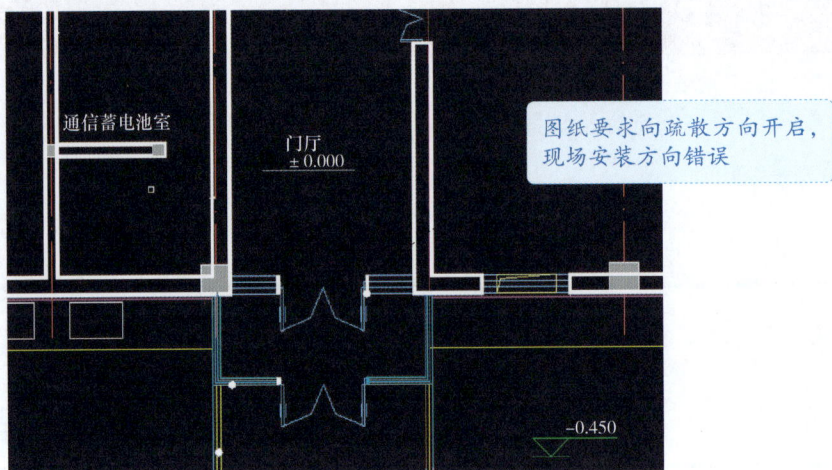

图示二

2. 原因分析

1）未按图纸进行施工；

2）对相关规范不了解，无法进行有效的验收把关。

规范要求及正确做法

1. 规范要求

《建筑设计防火规范》（GB 50016—2014）（2018 年版）第 6.4.11 条"建筑内的疏散门应符合下列规定：1 民用建筑和厂房的疏散门，应采用向疏散方向开启的平开门，不应采用推拉门、卷帘门、吊门、转门和折叠门"。

2. 正确做法

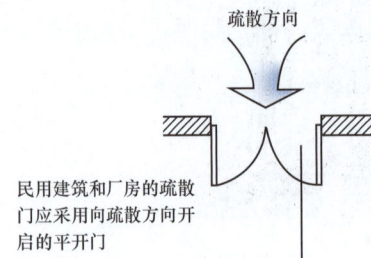

图示三   图示四

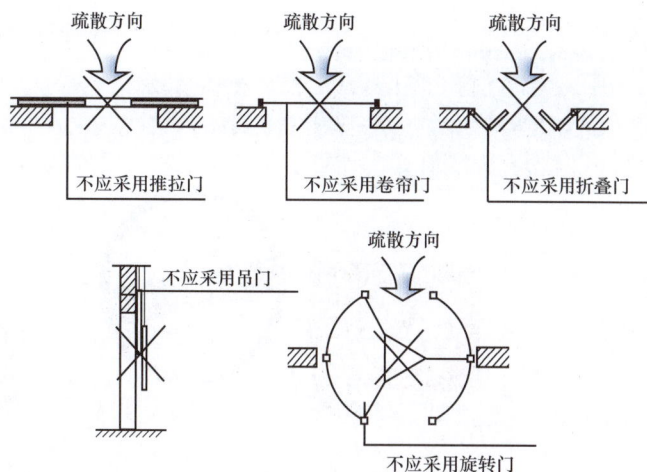

疏散方向　　　　　疏散方向　　　　　疏散方向

不应采用推拉门　　不应采用卷帘门　　不应采用折叠门

不应采用吊门

疏散方向

不应采用旋转门

图示五

预防措施及整改建议

（1）侧拉门、卷帘门、旋转门或电动门，包括帘中门，在人群紧急疏散情况下无法保证安全快速疏散，不允许作为疏散门；

（2）为避免在着火时由于人群惊慌、拥挤而压紧内开门扇，使门无法开启，要求疏散门应向疏散方向开启。

类　别	其他设施
问　题	消防产品信息不满足要求

问题描述及原因分析

1. 问题描述

1）施工或技改完成后未及时把出厂身份标识进行粘贴及归档导致后期无法补救，或已粘贴的消防产品信息标识无法在官网进行溯源【图示一】；

2）消防产品 AB 签粘贴错误【图示二】。

无法在官网进行溯源

图示一

标签粘贴错误

图示二

2. 原因分析

1）未购买正规厂家生产的合格产品；

2）对相关规范要求不了解，验收把关不严。

规范要求及正确做法

1. 规范要求

1）《消防产品市场准入信息管理》（XF/T 1465—2018）第 3.1 条"消防产品市场准入信息管理指按国家规定的产品市场准入制度，经国务院公安部门消防机构批准，由消防产品信息公布机构向社会发布的用于证明消防产品是否符合市场准入要求的信息"；

2）《消防产品信息管理》（XF 846—2009）第 3.1 条"消防产品身份信息显示消防产品基本信息，主要内容包括消防产品生产单位（制造商）名称、产品名称、规格型号、生产日期、生产批号、产品编号、产品一致性描述、产品流向信息等"；

3）《消防产品信息管理》（XF 846—2009）第 3.2 条"消防产品身份信息标志由专有符号、图案、文字等组成的消防产品身份信息标志"。

2. 正确做法

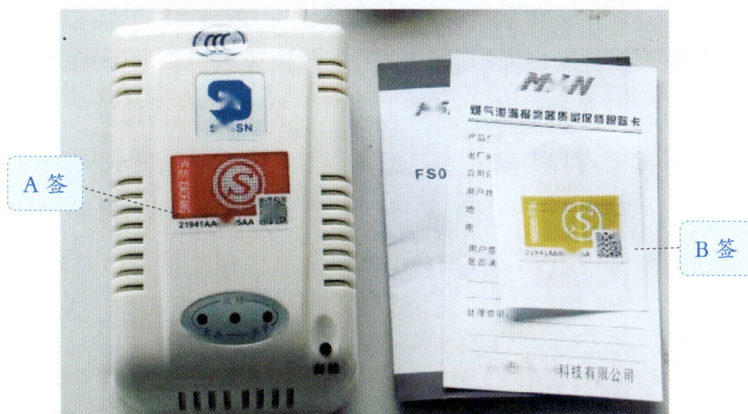

图示三

预防措施及整改建议

（1）消防产品身份信息标志由标志本体及标志验证体组成，标志本体及验证体编码一一对应，具有储存产品的生产、销售、维护、验收、监督信息功能及防伪、防复制、防转移功能等两大特性。

（2）消防 AB 签两者虽然一一对应，具有唯一性，不可复制，两者在外观和使用方式上有所不同；标志本体 A 签，建议粘贴于产品表面，明显处；标志验证体 B 签建议贴在该产品合格证上，标志验证体 B 签消防验收时归档使用。

（3）注意消防产品应能溯源其产品合格性。

类 别	其他设施
问 题	安全间距不足、消防车道净高被占用

问题描述及原因分析

1. 问题描述

1）主变压器与主控室安全间距不足【图示一】；

2）35kV 母线横穿消防车道导致消防车道净距不足【图示二】。

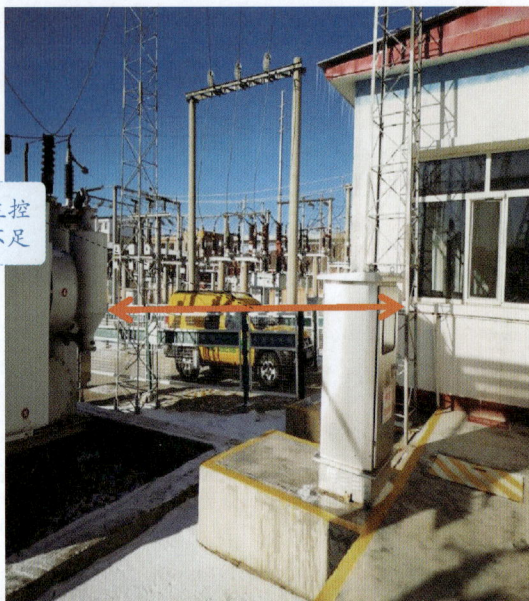

图示一

图示二

2. 原因分析

1）设计人员专业技能不强，不了解相关规范要求导致总平面布置时安全间距不足；

2）图纸会审时未能查出关键节点的严重缺陷；

3）施工单位未按设计图纸或规范图集要求进行施工，或现场设施受影响时未及时与建设单位、监理单位、设计单位沟通，私下进行了调整。

规范要求及正确做法

1. 规范要求

1)《火力发电厂与变电站设计防火标准》（GB 50229—2019）第 11.1.5 条"油浸变压器、油浸电抗器单台设备油量大于 5t 时，与丙、丁、戊类生产建筑间的安全距离不小于 10m。变压器与建筑物的防火间距应为变压器外壁与建筑外墙的最近水平距离"。

2)《建筑设计防火规范》（GB 50016—2014）（2018 年版）第 7.1.8 条"消防车道应符合下列要求：车道的净宽度和净空高度均不应小于 4.0m"。

2. 正确做法

油浸式变压器防火间距示意图

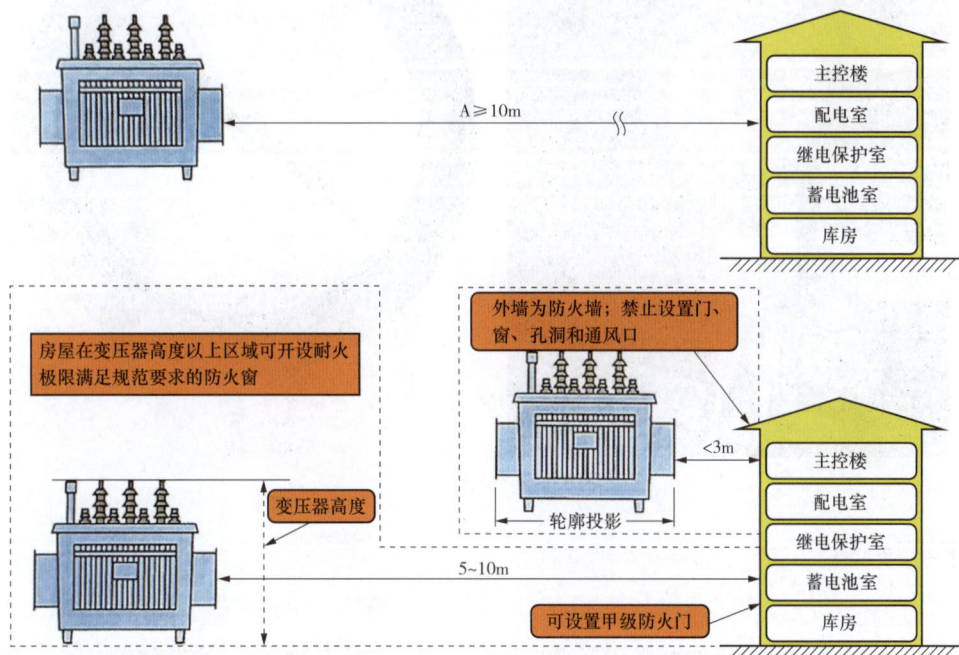

图示三

预防措施及整改建议

（1）对设计院资格进行严格审核；

（2）重视图纸会审环节，严把验收节点；

（3）新建或技改工程方案审核时应咨询相关消防技术人员其可行性，避免畸形工程的产生。

类 别	其他设施
问 题	正压式呼吸器气瓶压力不足

问题描述及原因分析

1. 问题描述

正压式呼吸器气瓶压力不足【图示一】。

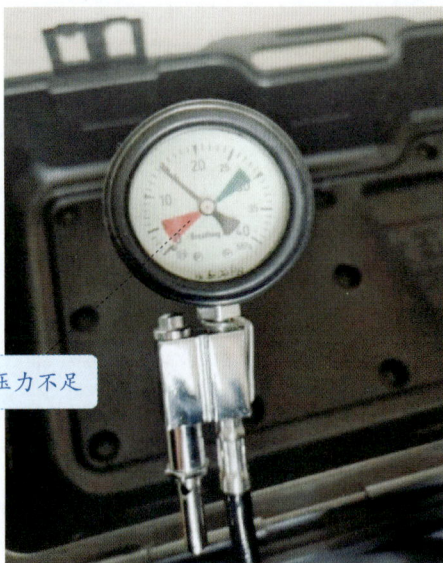

图示一

2. 原因分析

1）未定期进行检查或已检查出的问题未及时修复；

2）产品质量不过关或送检维修送回的气瓶未进行检查验收，导致气瓶压力不足。

规范要求及正确做法

1. 规范要求

《中华人民共和国消防法》（2021 年修订）第十六条"机关、团体、企业、事业等单位应当履行下列消防安全职责：（二）按照国家标准、行业标准配置消防设施、器材，设置消防安全标志，并定期组织检验、维修，确保完好有效"。

2. 正确做法

1.着装

解开腰带扣，展开腰垫，手抓背夹两侧，将装具举过头顶，身体稍前倾，两肘内收，使装具自然滑落于肩背

2.调整位置

手拉下肩带，调整装具的上下位置，使肩部承力

3.收紧腰带

扣上腰带、将腰带两个伸出端向侧后方拉动，收紧腰带

4.外翻头罩

松开头罩带子，将头罩翻至面窗外部

5.佩戴面罩	6.收紧劲带

一只手抓住面窗突出部位将面罩置于面部，同时另一只手将头罩后拉，罩住头部（注意：要确保下巴正确位于下巴罩内）	两手抓住劲带两端向后拉，收紧劲带

7.检查面罩的密闭性	8.打开瓶阀

手掌心捂住面罩接口，深吸一口气，应感到面窗向面部贴紧（注意：如面罩始终有泄漏，则应更换另外的面罩）	逆时针转动瓶阀手轮（至少两圈），打开瓶阀

9.安装供气阀	10.连续深呼吸，应感到呼吸顺畅

将供气阀与面窗对接并逆时针转动90°，正确安装好时，可卡门滑入卡槽的"咔哒"声	佩戴完毕后方可进入工作现场

图示二

预防措施及整改建议

（1）严把质量验收关，购买正规厂家的产品；

（2）定期检查维护，发现问题及时处理。